定期テスト対策 ▶ 高校入試対策の基礎固めまで

改訂版

中学理科

が面白いほどわかる本

河合塾Wings講師
岩本 将志

JN048032

＊この本には「赤色チェックシート」がついています。

　中学で学習する理科は，物理・化学・生物・地学の４分野です。高校入試では，この４分野の中１から中３までの内容が出題されるため，非常に多くの内容を学習する必要があります。しかし，英数国と比較すると単元を組み合わせた融合問題が少ないため，単元毎に理解を深めることで得点できます。

　その一つひとつの単元を学習していくのが定期試験です。**定期試験では，限られた単元からの出題になるので，定期試験の積み重ねが高校入試へとつながります。**ですから，理科での受験勉強は，中学に入学したときから始まっているのです。

　では，実際どのように学習すればよいのかについて紹介していきます。

❶理解中心の学習をしよう

　基本用語は丸暗記ではなく，「**理解して覚えること**」を心掛けましょう。理科を苦手とする人に多いのが，理解不足です。言葉を知っていても内容が理解できていなければ，記述問題や言い回しを変えた問題に対応できなくなってしまいます。

　反対に，理解を心掛けた学習をすることで，記述問題や高校入試で出題される「**知識の理解を問う問題**」にも対応しやすくなります。例えば，「クラスメイトに用語の内容を説明できるかどうか」を理解の１つの目安とするとよいでしょう。

❷図や表，グラフと関連付けよう

　定期試験や高校入試では，図や表，グラフと合わせて出題されることがあります。**本書では，できる限りたくさんの図版を掲載してあります。**学習をする際は，それらと関連付けながら行ってください。そうすることで，**記憶が定着しやすくなります。**また，計算しなくてもグラフを読み取るだけで解答できるような出題にも対応しやすくなります。

❸実験や観察に興味を持とう

　理科の特徴として，「実験」や「観察」があります。「実験」や「観察」に興味を持つことができれば，理科を好きになるきっかけになります。

「実験」や「観察」では下記のポイントが出題されることが多くあります。

- 「目的」
- 「手順や使用する器具の使い方」
- 「注意点」
- 「結果からわかること」

　つまり，**上記のポイントをおさえて学習することが効果的**です。また，このときも，実験装置や観察器具などの図，実験結果の表やグラフなどと関連付けて学習をしてください。

❹インプットとアウトプットのバランスが大切だ

　勉強はしているのに結果がなかなか出ないと感じている人は，勉強しているときのインプットとアウトプットのバランスを見直しましょう。インプット中心になっていて，アウトプットの訓練が不足していませんか？　反対に，アウトプット中心で，インプットがおろそかになっていませんか？

　インプットは，知識や理解を深めること。アウトプットは，「インプットしたことをしっかりと覚えているか」「使える知識になっているか」を問題演習によって確認していくことです。このバランスが崩れると成果が出にくくなります。

　インプットとアウトプットのバランスを調整して，勉強のスタイルを確立していけば，高得点につながります。

　最後に，本書の使い方について簡単にお話しします。

　1つのテーマは，続けて一通り読んでください。そうすることで，そのテーマの全体像が見えてくることがあるからです。**知識と知識がつながっていき，「そうだったのか」「なるほど」となってくれば，理科がどんどん楽しくなっていきます。**

　本書がみなさんの学力向上の一助となることを願っています。

岩本　将志

改訂版
中学理科が面白いほどわかる本

も く じ

第 1 章　生物分野

第 2 章　地学分野

第3章 化学分野

第4章 物理分野

この本は、「中学理科」の内容をわかりやすく楽しく学習できるようになっています。

各テーマの冒頭に「**イントロダクション**」があります。どのようなことを学習するのか前もって意識しておきましょう。また、そのテーマを主に学習する学年が書かれています。これを参考に学習計画を立ててください。

↓

各テーマで重要となる項目について、解説しています。まるで塾の先生が紙面上で講義をしてくれているかのように、わかりやすい文章にまとめました。また、生徒キャラが質問してくれていますので、さらなる理解に役立ててください。

↓

きちんと理解できているかどうか「**問題**」で確認しましょう。とくに、「**重要実験**」「**記述対策**」は高校入試で頻出するものばかりです。対策を十分に取っておきましょう。

↓

やや発展的な内容について「**少しくわしく**」のコーナーがあります。話題に興味をもってもらい、さらに深く理解を進めるために解説していますので、余裕のある方は、じっくり読んでみてください。

↓

 丸暗記ではない、楽しみながらの勉強で、**理科の点数UP !!**

テーマ 1 観察器具の使い方，花のつくり

中1　中2　中3

■:■ イントロダクション ■:■

◆ 顕微鏡（けんびきょう）の使い方 ➡ 2種類の顕微鏡の使い方を確認しよう。

◆ 花のつくり ➡ 中3で習う「生殖（せいしょく）・遺伝（いでん）・進化」につながる大切な単元だ。

ルーペの使い方

　ルーペは花などを観察するときに使う道具だよ。簡単にいえば虫眼鏡と同じで，観察したものを**5 〜 10倍程度**に拡大して見ることができるんだ。その上，持ち運びやすいので，野外観察するときなどに適しているんだよ。使う上で大切なのは，必ず**ルーペを目に近づける**ということだよ。

　「観察するものが動かせるとき」は，ルーペを目に近づけたまま，**観察するものを前後に動かして，ピントを合わせて使う**んだ。

　「観察するものが動かせないとき」は，ルーペを目に近づけたまま，**自分が前後に動いてピントを合わせて使う**んだ。

　注意しなければいけないのは，**絶対に太陽を見てはいけない**ということだ。

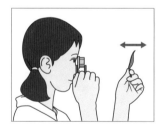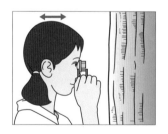

顕微鏡の使い方

顕微鏡はルーペなどでは見られないような非常に小さいものを観察するときに使うものだ。一般的に，(光学)顕微鏡と呼ばれているものと双眼実体顕微鏡の2種類があるよ。

【双眼実体顕微鏡】

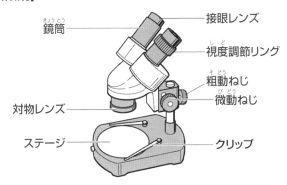

鏡筒
接眼レンズ
視度調節リング
粗動ねじ
微動ねじ
対物レンズ
ステージ
クリップ

双眼実体顕微鏡は，観察物をそのままの状態で**20 ～ 40倍**に拡大して観察できるんだ。だから，**プレパラートをつくる必要がない**だけでなく，厚みがあるものなどを**立体的に観察することができる**顕微鏡なんだ。

操作手順

❶ **両目**でのぞきながら，鏡筒を調節して視野を１つにする
❷ **粗動ねじ**をゆるめて**両目**で見ながらおおよそのピントを合わせる
❸ **右目**だけでのぞきながら，**微動ねじ**でピントをしっかり合わせる
❹ **左目**だけでのぞきながら，**視度調節リング**を回してピントを合わせる

漢字に注意 顕微鏡 ○微 ×徴

【顕微鏡（光学顕微鏡）】

　顕微鏡は，観察するものを**プレパラート**にして観察するよ。

　レンズは，2種類あって，目を近づけるほうが**接眼レンズ**，観察するものに近いほうが**対物レンズ**だ。

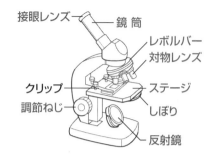

接眼レンズ ── 鏡筒
レボルバー
対物レンズ
クリップ ── ステージ
調節ねじ ── しぼり
反射鏡

操作手順

❶ **接眼レンズ➡対物レンズ**の順に取り付ける

　（最初は**もっとも倍率の低い対物レンズ**を使用する）

❷ 水平で，直射日光の当たらないところに置く

❸ 視野が明るくなるように反射鏡としぼりを調節する

❹ **横から見ながら**プレパラートと対物レンズをできるだけ近づける

❺ 接眼レンズをのぞきながら，❹と逆向きに調節ねじを回してピントを合わせる

❻ 観察するものを視野の中央に移動させる

❼ レボルバーを回して，高倍率の対物レンズにする

操作手順で，特に注意するところはありますか？

　1つ目は手順❶にあるように，最初に**接眼レンズ**を取り付けて，そのあとに**対物レンズ**を取り付けるということだよ。これは，**対物レンズにほこりが落ちないようにするため**なんだ。そして，最初から高倍率のレンズを使うと，見える範囲が狭くなって観察したいものを見つけにくくなるので，**最初はもっとも倍率の低い対物レンズを使う**んだよ。

　2つ目は，手順❹❺にあるように，**対物レンズとプレパラートを遠ざけながらピントを合わせる**ということだよ。接眼レンズをのぞきながら，対物レンズとプレパラートを近づけると，対物レンズがプレパラートにぶつかって，割れることがあるからなんだ。

顕微鏡ってどのくらいに拡大できるんですか？

40 〜 600倍程度に拡大することができるんだよ。この倍率は接眼レンズと対物レンズの倍率で決まるんだ。例えば，接眼レンズが10倍で，対物レンズが4倍だとすると10×4＝40倍になるんだよ。ちなみに，下にそれぞれのレンズの図があるけれど，倍率が高いと接眼レンズは短く，対物レンズは長くなるんだ。だから，**高倍率で観察すると対物レンズとプレパラートの間隔は狭くなる**んだ。

拡大倍率 ＝ 接眼レンズの倍率 × 対物レンズの倍率

倍率の例

接眼レンズ	対物レンズ	倍率
10倍	4倍	40倍
15倍	40倍	600倍

接眼レンズ

10倍　　40倍

対物レンズ

10倍　　40倍

問　題　顕微鏡でゾウリムシを観察したところ，図のように見えた。次の問に答えなさい。

(1) ゾウリムシを視野の中央に移動させて観察したいとき，どの向きにプレパラートを動かせばよいか。図のア〜エの中から選びなさい。

(2) ゾウリムシをくわしく観察するために，顕微鏡を高倍率にして観察した。顕微鏡で見える範囲と視野の明るさはどうなるか。

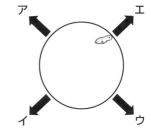

解　説

(1) 顕微鏡で見える像は一般に上下左右が逆になっているんだ。だから，動かしたい方向と逆向きにプレパラートを動かせばいいんだ。

(2) 高倍率にすると，見える範囲は狭くなる。視野の明るさは，入ってくる光の量が少なくなるので，暗くなるんだ。

解　答　(1) エ
　　　　　 (2) 見える範囲は狭くなり，視野の明るさは暗くなる。

花のつくり

「花」といわれて，みんなはどんなものを想像するかな？ きっと，きれいな花びらを思い浮かべた人が多いんじゃないかな。

では，花は何のためにあるのでしょうか？ 花には植物にとって重要な役割があるんだ。

> 花の役割なんて考えたことなかったなぁ……。

いい機会だから，一緒に学んでいこう。花は多くの植物にとって，種子をつくって子孫を残すための生殖器官なんだ。そう，花には**種子をつくる**という重要な役割があるんだ。この単元は，中3で学習する「生殖・遺伝・進化」につながる内容だから，しっかり覚えて，忘れないようにしていこう。

花を咲かせて種子をつくる植物のなかまを**種子植物**というんだ。種子植物は，さらに**被子植物**と**裸子植物**の大きく2つに分類されるんだ。分類の詳細は「植物の分類」のところで学習するよ。

【被子植物】

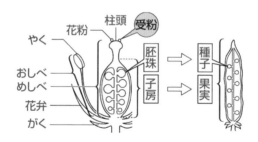

被子植物の代表的なものには，アブラナ・エンドウなどがあるよ。

では，被子植物の花のつくりを見ていこう。中心から**めしべ・おしべ・花弁・がく**の順に並んでいるよ。めしべの先端を**柱頭**といって，ここに花粉がつくんだ。根元のふくらんだ部分を**子房**といって，子房の中には**胚珠**があるんだ。そして，**花粉が柱頭につくことを受粉**というよ。**受粉すると子房は果実**，子房に包まれていた**胚珠は種子**になるんだ。**おしべ**の先端には，**やく**があり，袋状になっていて，ここで**花粉がつくられている**よ。**がく**は，花の外側にあって内部を保護する役割があるんだ。

【裸子植物】

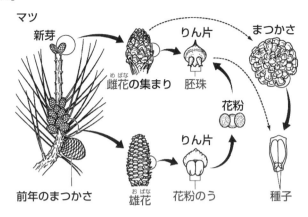

マツ

　マツの図を見てみよう。まず，先端にあるのが**雌花**だ。雌花は**めしべの役割**をするところだよ。そして，雌花の下にたくさんあるのが**雄花**。雄花は**おしべの役割**をするんだ。雌花と雄花は，うろこ状になったりん片がいっぱいあって，**雌花のりん片には胚珠**，**雄花のりん片には花粉のう**があるんだ。花粉のうには花粉がつまっているんだよ。裸子植物の場合は，やくとは呼ばないから気をつけよう。そして，花粉が胚珠につくことで受粉して種子をつくっているんだよ。

　ちなみに，前年のまつかさっていうのがあるけれど，まつかさはまつぼっくりのことで，古い雌花のことなんだよ。

少しくわしく

📖 **いろいろな花**

　アブラナやエンドウのように１つの花におしべとめしべの両方がある花を両性花というんだ。

　ヘチマやトウモロコシなどは，１つの花におしべ・めしべのどちらか一方しかないんだ。このような花を単性花といって，おしべしかない花を**雄花**，めしべしかない花を**雌花**というんだ。

テーマ ② 植物の分類

◆ 種子をつくらない植物 ➡ シダ植物とコケ植物の2種類あるよ。

◆ 植物の分類 ➡ 特徴をおさえながら覚えよう。代表的な植物の名称も覚えておこう！

種子をつくらない植物

　種子をつくらない植物は胞子をつくってなかまをふやすんだ。

　種子をつくらない植物には，**シダ植物**と**コケ植物**があるんだよ。種子はつくらないけれど，種子植物と同じように，**葉緑体で光合成をしていて，自ら栄養分をつくり出している**んだ。

【シダ植物】

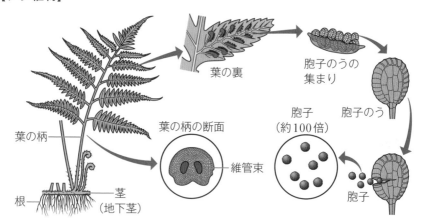

葉の裏

胞子のうの集まり

胞子（約100倍）　胞子のう

葉の柄

葉の柄の断面

維管束

根　　茎（地下茎）

胞子

　上の図は，シダ植物の代表としてよく出てくるイヌワラビだよ。このイヌワラビでシダ植物の特徴をおさえていこう。

　シダ植物は，日かげの湿っているところに生息していることが多いんだ。**維管束があり，根・茎・葉の区別がある**のが特徴だよ。そして，**根で水分を吸収している**んだ。茎は地下茎といって地中にあるんだ。実は，葉や茎のように見えている部分全体が葉なんだよ。

葉の裏側には，たくさんの**胞子のう**があって胞子をつくっているよ。この胞子が発芽することでなかまをふやしているんだよ。

シダ植物には，**イヌワラビ**，**ゼンマイ**，**スギナ**などがあるよ。スギナはつくしとしても有名な植物だよ。

【コケ植物】

次は，コケ植物について見ていこう。コケ植物は，**維管束がなく，根・茎・葉の区別がない**んだよ。**からだの表面全体から水分を吸収している**んだ。

根のように見えているのは仮根（かこん）というつくりで，**水を吸収するはたらきはなく，からだを地面に固定するためにある**んだ。

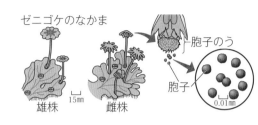

ゼニゴケのなかま

雄株　雌株
15mm

胞子のう
胞子
0.01mm

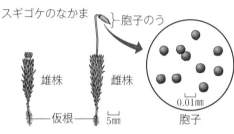

スギゴケのなかま

胞子のう

雄株　雌株
仮根　5mm

0.01mm
胞子

雌株（めかぶ）と雄株（おかぶ）があって，**雌株には胞子のう**があるんだ。上の図で見て，どちらが雌株でどちらが雄株なのかを見分けられるようにしておこう。代表的なものに，**ゼニゴケ**や**スギゴケ**があるよ。

植物の分類

植物は，その特徴で分類されているんだ。

何の違いによって分類されているのかに注目して見ていこう。

まずは，なかまのふやし方の違いで，種子でふやす「種子植物」と「胞子でふやす植物」に分けられる。

そして，種子植物は，**被子植物と裸子植物**に分けられるんだ。被子植物は，**胚珠が子房の中にある**けれど，裸子植物は**子房がなく，胚珠がむき出しになっている**んだ。

次に，被子植物は，**単子葉類と双子葉類**に分けられる。これらは，子葉の数の違いで分類されるんだよ。子葉が1枚なのが単子葉類，2枚なのが双子葉類だ。単子葉類は，**平行脈，ひげ根，茎の維管束が散らばっている**。双子葉類は，**網状脈，主根と側根，茎の維管束が輪のように並んでいる**んだ。

そして，双子葉類は，**合弁花類と離弁花類**に分けられる。合弁花類は**花弁がくっついている**植物で，離弁花類は**花弁が離れている**植物だよ。

次のページにまとめた図を載せておいたから頭に入れておこう。

少し くわしく　ソウ類

ワカメやコンブなどの海藻，ミカヅキモなどは**ソウ類**と呼ばれている。

ソウ類には，葉緑体があるので光合成をしているんだけれど，植物とは異なるグループに分類されているよ。

以前は，植物のなかまとして分類されていたから，参考書によっては，まだソウ類を植物のなかまとして紹介しているものがあるから気をつけよう。

【植物の分類　まとめ】

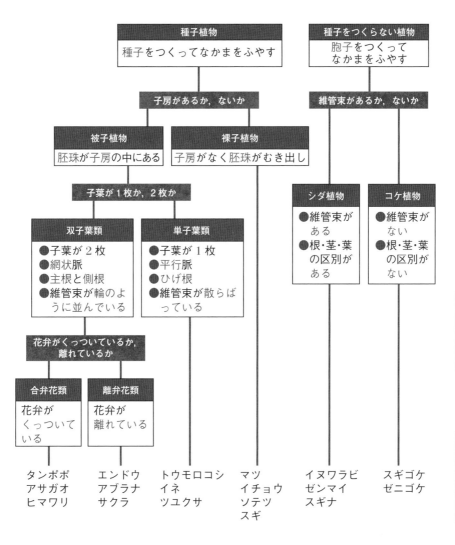

③ 動物の分類

■ イントロダクション ■

◆ **セキツイ動物** → 表で特徴をしっかり覚えよう。代表的な動物や間違えやすい動物にも注目しておこう！

◆ **無セキツイ動物** → 節足動物と軟体動物はおさえておこう。節足動物では，昆虫類と甲殻類が有名だよ。

▶ セキツイ動物

セキツイ動物は，**背骨がある動物**のこと。呼吸のしかたや生活する場所，体温，子の生まれ方などの違いで**魚類・両生類・ハチュウ類・鳥類・ホニュウ類**の5種類に分類されているよ。

【セキツイ動物の特徴】

	魚類	両生類		ハチュウ類	鳥類	ホニュウ類
呼吸	えら	えら	肺 皮ふ	肺		
体温	変温				恒温	
子の生まれ方	卵生					胎生
	殻なし/水中	殻なし/水中		殻あり/陸上	殻あり/陸上	子/陸上
からだの表面	うろこ	湿った皮ふ		かたいうろこ	羽毛	毛
例	イワシ タイ ウナギ	カエル サンショウウオ イモリ		ヘビ トカゲ ワニ ヤモリ ウミガメ	ハト ツバメ ダチョウ ペンギン	ヒト イルカ クジラ シャチ コウモリ カモノハシ ハリモグラ

【呼吸のしかた】

魚類は**えら**呼吸。両生類はカエルが有名だけど，幼生のときは**えら**呼吸，成体では**肺**と**皮ふ**で呼吸をするよ。ハチュウ類，鳥類，ホニュウ類は**肺**呼吸だ。

【体温】

魚類，両生類，ハチュウ類は，環境の温度変化とともに体温も変化するんだ。このような動物を**変温動物**というよ。

それに対して，鳥類とホニュウ類は環境の温度が変化しても体温がほとんど変化しない。このような動物を**恒温動物**と呼んでいるんだ。

【子の生まれ方】

卵を産み，卵から子がかえるような生まれ方を**卵生**，親の体内である程度育ってから生まれる生まれ方を**胎生**というんだ。

　両生類かハチュウ類かで迷いやすいのが，イモリとヤモリ。イモリは「井守」と書くから井戸を守るので両生類，ヤモリは「家守」と書くから家を守るのでハチュウ類と覚えておこう。

　両生類は，カエル，サンショウウオ，イモリの3つを覚えておこう。

　ウミガメは泳いでいるけれど，両生類ではなくハチュウ類だよ。

　ダチョウやペンギンは空を飛ぶことはできないけれど，鳥類に分類されるんだ。

　クジラやイルカ，シャチ，コウモリはホニュウ類だよ。魚類や鳥類と間違えないようにしておこう。

少しくわしく ホニュウ類なのに卵を産む

ホニュウ類の中でもカモノハシとハリモグラは卵生だ。卵を産み，卵からかえった子を乳で育てているんだ。

草食動物と肉食動物

● 歯のつくり

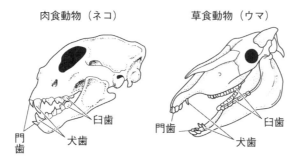

肉食動物（ネコ）　　　　草食動物（ウマ）

臼歯　　門歯　犬歯　犬歯　臼歯　門歯

● 目のつき方

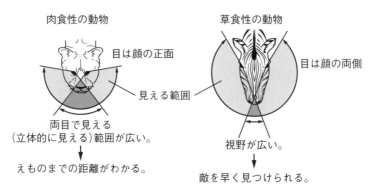

肉食性の動物　　　　　　草食性の動物

目は顔の正面　　　　　　目は顔の両側

見える範囲

両目で見える
（立体的に見える）範囲が広い。

視野が広い。

えものまでの距離がわかる。　　　敵を早く見つけられる。

　肉食動物は，おもに動物を食べる動物で，**草食動物**は，おもに植物を食べる動物だよね。どちらも生活に適したからだのつくりになっているんだ。

　肉食動物から見ていこう。肉食動物はえものを捕らえるために適した歯のつくりと目のつき方になっているんだ。歯は，えものをしとめるための犬歯と肉を切りさく臼歯が発達していて，**目が前向きについていることで，両目で見える範囲（立体的に見える範囲）が広くなり，えものとの距離をつかみやすくなっている**んだよ。

　それに対して草食動物は，草をかみ切るための門歯と草をすりつぶす臼歯が発達しているんだ。また，**目が横向きについていることで，見える範囲（視野）が広くなり，肉食動物などをはじめとした外敵による危険から身を守りやすくなる**んだ。

無セキツイ動物

　セキツイ動物に対して，背骨がない動物を**無セキツイ動物**というよ。無セキツイ動物は，さまざまなグループに分類されるんだけど，**節足動物**と**軟体動物**が有名だよ。

　バッタやエビのように**節のある足**をもつなかまを**節足動物**というんだ。からだを覆っている殻を**外骨格**というよ。この外骨格と筋肉を使って動いているんだ。節足動物はさらに細かく分類されていて，**昆虫類**や**甲殻類**，クモ類，ムカデ類，ヤスデ類などがあるんだ。

　タコやイカ，貝類などのやわらかいからだをもつなかまを**軟体動物**というんだ。内臓はやわらかい**外とう膜**で覆われている。

● 節足動物

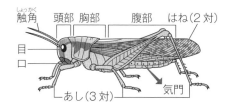

● 軟体動物

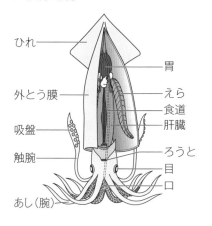

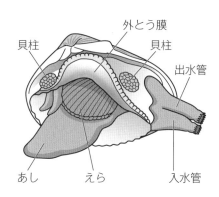

テーマ 4 根・茎・葉のつくりとはたらき

中1 中2 中3

＝＝ イントロダクション ＝＝

◆ **根・茎・葉のつくり** ➡ 単子葉類と双子葉類の違いをおさえよう！

根のつくりとはたらき

まずは，根のつくりから学んでいこう。

植物の根では，**水を吸収している**ことは知っているよね。それ以外に**からだを支える**という役目もあるからおさえておこう。

被子植物の根は，多くが地中にあり，植物の種類によって2種類のつくりがあるんだ。**単子葉類**と**双子葉類**で根のつくりが違うんだよ。発芽して初めに出てくる葉を子葉というんだけれど，単子葉類の「単」は「1つ」という意味だから，単子葉類は**子葉が1枚**のなかまのことで，双子葉類の「双」は「2つ」という意味だから，**子葉が2枚**のなかまのことをいうんだ。

根には右の左側の図のように，茎の下から同じような太さの根が広がるようなつくり(**ひげ根**)と，右側の図のように，中央に太い根(**主根**)があり，そこから枝分かれして細い根(**側根**)になるつくりがあるんだ。単子葉類はひげ根，双子葉類は主根と側根になっているよ。

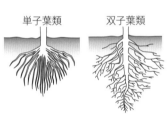

単子葉類　　　　双子葉類

ひげ根　　　　主根と側根

さらに，どちらの根にも表面には，細い毛のような**根毛**というつくりがあるんだ。このようなつくりをしていることで，**根の表面積を大きくして，水や養分の吸収の効率を高める**ことができるんだ。

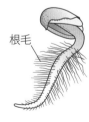

根毛

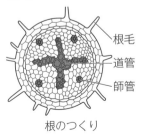

根毛
道管
師管

根のつくり

ちなみに，この根毛は根が細くなったものではなく，根の細胞が変形して，突起のように飛

び出したものなんだよ。

前ページの根のつくりの図を見ていこう。根には**道管**と**師管**の2つの管があって，これらの管は茎や葉にもつながっているんだ。

道管は**根から吸収した水や養分が通る管**で，師管は**葉でつくられた栄養分が水に溶けやすい物質に変わって通る管**だよ。

茎のつくりとはたらき

次に，茎のつくりを見ていこう。茎にも道管と師管が通っているよ。道管と師管が集まったものを維管束というんだ。

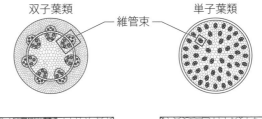

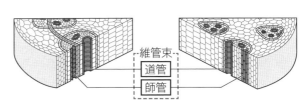

茎の断面を見ていこう。茎のつくりも，**単子葉類**と**双子葉類**で異なるよ。上の右側の図が単子葉類の茎の断面で，**維管束が散らばっている**。それに対して，左側の図の双子葉類では，**維管束が輪のように並んでいる**んだ。

問題でよく問われるのが道管と師管の位置関係だ。茎の維管束では**内側にあるのが道管**で**外側にあるのが師管**だよ。

問題 ホウセンカを赤インクをたらした水に差し，しばらく置いた。数時間後に茎を水平に切って観察をしたら，赤く染まった部分があった。

図で赤く染まった部分を塗りつぶしなさい。また，赤く染まった部分の名称を答えなさい。

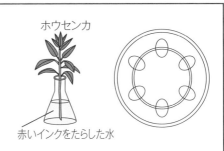

解説 吸い上げられた水は，道管を通る。道管は茎の内側
を通っているから，内側を塗りつぶせばよい。

解答 右図参照，名称 **道管**

葉のつくりとはたらき

「植物の葉の絵をかいてください」といわれた
ら，みんなはどのような絵をかくかな？ おそら
く多くの人が右のような絵をかくんじゃないかな。

右の葉の絵にあるように，植物の葉を見ると表
面にすじが見えるよね。このすじは，維管束が葉
の表面に出てきてすじ状に見えているもので**葉脈**と呼ばれるんだ。葉脈は，
網目状になっているものと，平行になっているものがあって，**網目状に
なっているものを網状脈，平行になっているものを平行脈**と呼ぶよ。

網状脈   平行脈

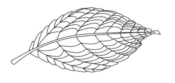 

【葉の断面のつくり】

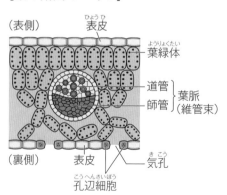

（表側） 表皮
葉緑体
道管 ｝葉脈
師管 （維管束）
（裏側） 表皮
気孔
孔辺細胞

葉の断面を顕微鏡で見ると左の
図のように観察できるよ。植物に
限らず，動物などすべての生物は
細胞と呼ばれる小さな部屋のよう
なものでできているんだ。

まず，葉の表面には**表皮**と
いって細胞が一列に並んだつくり
がある。また，植物の細胞の中に
は**葉緑体**という緑色の粒をもっ

ているものがあって，ここで**光合成**が行われるよ。葉緑体は，葉の表側
の細胞に多く存在していて，植物が緑色に見えるのはこの葉緑体があるか

らなんだ。そして，茎から**道管**と**師管**がつながっていて，**道管は葉の表側**，**師管は葉の裏側**にあるから，図を見てしっかり覚えよう。

また，表皮には**気孔**というすき間があって，三日月形をした**孔辺細胞**が対になってできているんだ。この気孔で呼吸（酸素や二酸化炭素の出入り）や蒸散（水蒸気の放出）が行われるよ。つまり，気体の出入り口になっているんだ。光合成や呼吸，蒸散は，次のテーマでくわしく学んでいくよ。

ちなみに，気孔は葉の裏側に多くあることをおさえておこう。

【単子葉類と双子葉類の特徴】

	単子葉類	双子葉類
子葉	1枚	2枚
根のつくり	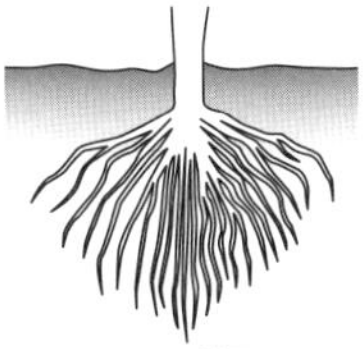 ひげ根	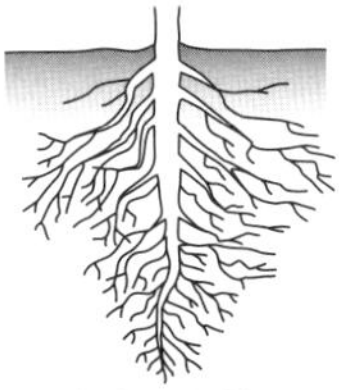 主根と側根
茎のつくり	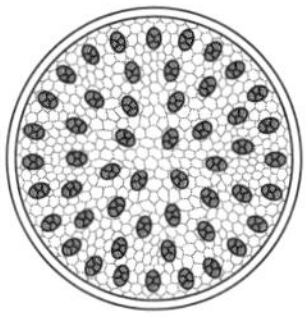 維管束が散らばっている	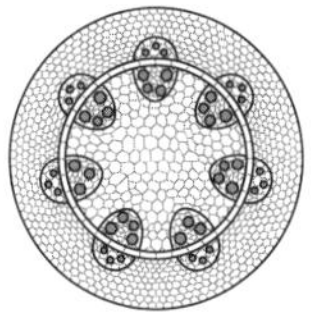 維管束が輪のように並んでいる
葉のつくり	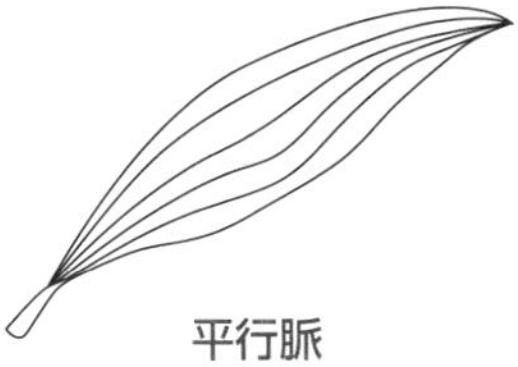 平行脈	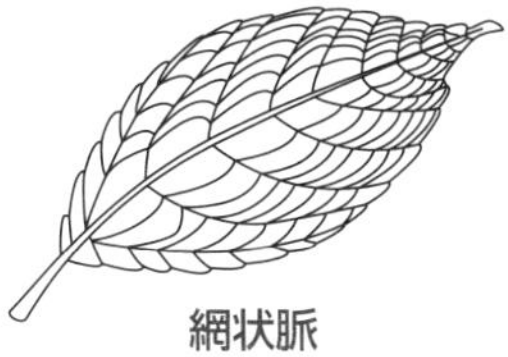 網状脈

漢字に注意 網状脈　○網　×綱

【根・茎・葉のつながり】

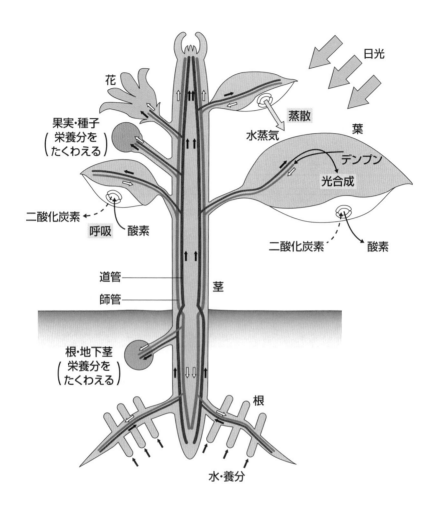

日光

花

果実・種子
（栄養分を
たくわえる）

蒸散

水蒸気

葉

デンプン

光合成

二酸化炭素

呼吸　酸素

二酸化炭素　　　　酸素

道管

師管　　　茎

根・地下茎
（栄養分を
たくわえる）

根

水・養分

テーマ ⑤ 光合成と呼吸, 蒸散

中1 中2 中3

イントロダクション

◆ 光合成と呼吸 ➡ 重要実験はしっかり頭に入れておこう！

◆ 蒸散 ➡ 計算する問題が出題されることもあるよ。

光合成と呼吸

【光合成】

植物の葉の葉緑体では, **水と二酸化炭素**を材料として, **デンプンと酸素**をつくり出しているんだ。このはたらきを**光合成**というよ。

葉の葉緑体に光が当たると, 光合成によってデンプンなどの栄養分がつくられるんだけど, 光合成には,

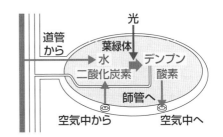

「葉緑体」「光」「水」「二酸化炭素」のすべてが必要なんだ。ここで, 光合成に関する重要実験をもとにくわしく見ていこう。

重要実験	光合成と日光, 葉緑体

ふの部分

緑色の部分

① ふ入りの葉のある植物を暗室に一晩置く。

② 葉の一部をアルミニウムはくで覆い, 日光にしばらく当てる。

③ あたためたエタノールにつけて脱色する。

④ ヨウ素液につけて反応を調べる。

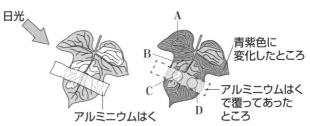

日光

A

B

C

D

アルミニウムはく

青紫色に変化したところ

アルミニウムはくで覆ってあったところ

まず，ふ入りの葉の「ふ」というのは，葉緑体がなく緑色をしていない部分のことをいうんだ。この部分があることで，光合成に葉緑体が必要かどうかを調べることができるんだ。

先生。どうして一晩暗室に置いたんですか？

最初から葉にデンプンがあると，ヨウ素液の反応がもともと葉にあったデンプンのものなのか，この実験でできたデンプンのものなのかの判断ができないよね。だから，**葉のデンプンをなくすために一晩暗室に置く**んだよ。

また，**ヨウ素液の色の変化をわかりやすくするために脱色する**んだ。この実験の条件をまとめると下の表のようになるよね。

	A	B	C	D
葉緑体	あり	なし（ふ入り）	なし（ふ入り）	あり
日光	当たっている	当たっている	当たっていない（アルミニウムはくでおおっている）	当たっていない（アルミニウムはくでおおっている）
ヨウ素液の変化	青紫色	変化なし	変化なし	変化なし

この実験では，A〜Dのうち**Aだけがヨウ素液が反応して青紫色に変化した**よね。条件を見てみると，Aだけが葉緑体があり，かつ日光が当たっている。この結果から，光合成には葉緑体と日光が必要であることがわかるんだ。

では，ここで問題です。光合成に葉緑体が必要であることは，A〜Dのうちどれとどれを比較すればわかるかな？

葉緑体が「ある」「ない」以外の条件が同じもので比較すればよいので，AとBだと思います！

よく勉強しているね。

そして，AとDを比較すると，日光が「当たっている」「当たっていない」以外の条件が同じだから，光合成には日光が必要であることがわかるんだ。

重要実験	光合成と二酸化炭素①

① 水を沸とうさせて，気体を追い出し，冷ました。

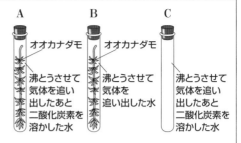

② 次に図のように，A～Cの試験管を用意し，A，Bにはオオカナダモと冷ました水を入れ，さらに，Aの水に二酸化炭素を吹き込んで溶かした。Cには冷ました水を入れ，二酸化炭素を溶かした。

③ A～Cの試験管をしばらく日光に当てた。

④ A，Bのオオカナダモにヨウ素液をつけて，色の変化を調べた。

⑤ A，Cに石灰水を入れて，色の変化を調べた。

【結果】

■ ヨウ素液の変化

青紫色に変化

変化なし

■ 石灰水の変化

A	C
変化しない	白くにごった

　ヨウ素液の色の変化では，Aが青紫色に変化，Bは変化しなかった。Aでは光合成によってデンプンがつくられたけれど，Bではつくられなかったということだよね。

　つまり，この結果から**光合成に二酸化炭素が必要であることがわかった**ということになるよね。

　また，石灰水の変化を見ると，Aは変化しなかったけれど，Cは白くにごった。この結果からは，**光合成に二酸化炭素が使われたということがわかった**ということなんだ。

　このように，理科の実験では，結果から「何がわかったか」ということを問われることがあるよ。

① 図のように，試験管 A，B を用意し，水と
　BTB 溶液を入れた。

② 水溶液の色はどちらも青色だった。

③ 次に，試験管 A にオオカナダモを入れた。

④ 試験管 A，B に呼気を吹き込んで，BTB
　溶液の色を黄色に変化させた。

⑤ その後，しばらく日光に当てたあと，
　BTB 溶液の色の変化を調べた。

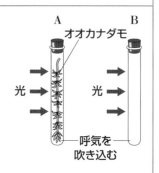

【結果】

A：BTB 溶液が青色に変化した。

B：BTB 溶液は黄色のままだった。

まず，呼気とは「はいた息」のことで，呼気を吹き込むことで水の中に**二酸化炭素を溶かした**んだ。

先生，ちょっといいですか？
BTB溶液って何でしょうか。

BTB溶液は，水溶液の性質を調べる試薬なんだ。**酸性で黄色，中性で緑色，アルカリ性で青色**に変化するんだ。呼気を吹き込むと二酸化炭素が水に溶けて酸性になるから黄色に変化したんだよ。ちなみに，二酸化炭素が水に溶けたものが炭酸水だよ。

日光を当てるとオオカナダモは光合成して二酸化炭素を吸収するんだ。だから，Aの二酸化炭素が減って，もとの青色に戻ったんだよ。

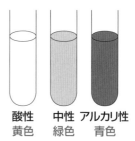

酸性　　中性　アルカリ性
黄色　　緑色　　青色

【呼吸】

　植物も動物と同じように，**昼も夜も呼吸**をしているんだ。

　光合成で酸素をつくっているときも酸素を取り入れているんだ。光合成していない夜も呼吸をしている。

　そして，一般に**昼間は光合成でつくられる酸素のほうが呼吸で使われる酸素より多い**よ。**夜間は光合成は行われず，呼吸だけしている**んだ。ちなみに，日光が弱い朝方や夕方では，気体の出入りがつり合って，出入りしていないように見えることがあるんだよ。

　では，「何のために酸素を取り入れているのか」わかるかな？

　「生きていくため」という返事がきそうだけど，もっと具体的にいうとエネルギーをつくり出すためなんだよ。光合成では，デンプンがつくられるよね。このデンプンと呼吸によって取り入れた酸素で生きるためのエネルギーをつくり出しているんだ。

> ということは，呼吸は光合成と逆ってことですか？

　そうなんだ。光合成は**水＋二酸化炭素＋エネルギー→デンプン＋酸素**，呼吸は**デンプン＋酸素→二酸化炭素＋水＋エネルギー**というようになっているから，反対のはたらきということができるね。ここは，テーマ7で学習する「細胞の呼吸」と関係があるんだ。

【光合成と呼吸のまとめ】

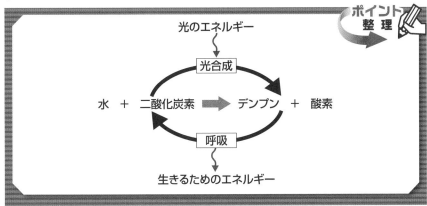

蒸　散

ここでは，蒸散について学んでいこう。

蒸散は，**気孔から水蒸気を出すはたらき**のことをいうんだ。気孔からは，**水蒸気を出すだけで，水蒸気を取り入れてはいない**から気をつけよう。あたりまえだけど，水分は根から吸収しているんだ。

蒸散によって水分量を調節することで，次のような効果があるんだ。

❶ **体温の上昇をおさえる**

❷ **根から水の吸い上げが盛んになる**

根からの吸い上げが盛んになれば，水に溶けた養分も多く体内に取り入れることができるよね。

重要実験	蒸　散

① 葉の大きさや枚数がほぼ同じ植物 A ～ D を用意し，それぞれ同じ分量の水を入れた試験管にさし，水面に油をたらした。

② B は葉の裏にだけワセリンをぬる。

③ C は葉の表にだけワセリンをぬる。

④ D は葉を全部取り除き，切り口にワセリンをぬる。

⑤ 全体の質量を測定し，しばらくたったあと，再び，全体の質量を測定した。

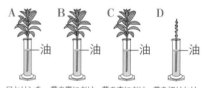

ワセリンをぬらない。　葉の裏にだけワセリンをぬる。　葉の表にだけワセリンをぬる。　葉を切りとり，切り口にワセリンをぬる。

	A	B	C	D
実験前の質量〔g〕	50.0	50.0	50.0	50.0
実験後の質量〔g〕	40.6	46.6	43.5	49.5
減少した量〔g〕	9.4	3.4	6.5	0.5

この実験では，結果から「葉の表」「葉の裏」「茎」からの蒸散量を計算することがきるんだ。

どうやって計算するんですか？

むずかしくないから，安心していいよ。

計算の前に，水面に油をたらした理由を確認しておこう。これは，**水面からの蒸発を防ぐため**だよ。油をたらしていないと水面から水が蒸発

して，正しい蒸散量がわからなくなってしまうよね。水面からの蒸発がなければ，**減少した量＝蒸散量**と考えることができるんだ。

そうすると，Aでは葉の表・裏・茎，Bでは葉の表と茎，Cでは葉の裏と茎，Dでは茎からの蒸散量がわかることになるよね。

つまり，葉の表，葉の裏，茎からの蒸散量は次のようになるよ。

A：表＋裏＋茎＝9.4
B：表　　＋茎＝3.4
C：　　裏＋茎＝6.5
D：　　　　茎＝0.5

B－D＝（表＋茎）－茎＝表　だから，表からの蒸散量は3.4－0.5＝2.9g
C－D＝（裏＋茎）－茎＝裏　だから，裏からの蒸散量は6.5－0.5＝6.0g
そして，表＋裏＋茎＝2.9＋6.0＋0.5＝9.4gで，Aの蒸散量と同じになっているのが確認できるよね。表からの蒸散量はA－C＝9.4－6.5＝2.9g，裏からの蒸散量はA－B＝9.4－3.4＝6.0gで求めてもいいよ。

第2章 地学分野

第3章 化学分野

第4章 物理分野

6 消化と吸収

■■■ イントロダクション ■■■

◆ 消化 ➡ 各臓器は図と合わせて名称とはたらきを覚えよう。だ液のはたらきの実験は頻出だからしっかりおさえておこう。

◆ 吸収 ➡ 柔毛のつくりの特徴は説明できるようにしよう。肝臓のはたらきは重要だよ。どのように消化されて小腸で吸収されるかを絶対覚えておこう。

消 化

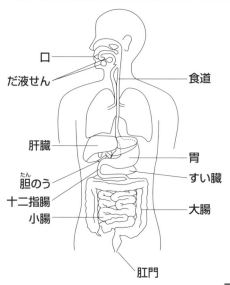

口
だ液せん
食道
肝臓
胃
胆のう
すい臓
十二指腸
大腸
小腸
肛門

食べ物には，**炭水化物**，**タンパク質**，**脂肪**などの栄養分が含まれていて，からだに取り入れられたあと，細かく分解されて吸収されやすくなってから，主に**小腸の壁**から吸収されるよ。食べ物の通り道は，**口→食道→胃→小腸→大腸→肛門**の順になっていて，この1本の管を**消化管**と呼ぶよ。

臓器の場所は，図を見て判断できるようにしよう。

漢字に注意 消化管　○管　×官

食べ物はどのように消化されるんでしょう？

消化は，消化液に含まれる**消化酵素**によって行われるよ。消化酵素は，**40℃前後（体温付近）ではたらきが活発**だけど，温度が高すぎたり，低すぎたりするとはたらかなくなるんだ。

消化液	主な消化酵素
だ液	アミラーゼ
胃液	ペプシン
胆汁 （たんじゅう）	含まれない
すい液	アミラーゼ, トリプシン, リパーゼ
小腸の壁の 消化酵素	マルターゼ, ペプチダーゼ

消化酵素の特徴

・体温付近でもっともよくはたらく
・消化酵素によって分解する物質が決まっている
・少しの量で, たくさん分解できる
・消化酵素自体は変化しない

漢字に注意 消化酵素　○「孝」×考

> 消化酵素は分解する物質が決まっているんですか？

　そうなんだ。1つずつ説明していこう。炭水化物は, **だ液, すい液, 小腸の壁の消化酵素**によって**ブドウ糖**に分解されるよ。

　タンパク質は, **胃液, すい液, 小腸の壁の消化酵素**によって**アミノ酸**に分解されるんだ。

　脂肪は, **胆汁とすい液**によって消化されて**脂肪酸（しぼうさん）とモノグリセリド**に分解されるよ。

　胆汁には消化酵素が含まれないので, 注意しよう。

> では, 胆汁にはどんなはたらきがあるんですか？

　いいことに気づいたね。胆汁には脂肪の分解を助けるはたらきがあるんだ。くわしくはあまり出題されないから, ここでは割愛するね。

> 消化されたあとはどうなるんですか？

　消化された栄養分は, 小腸で吸収されるんだ。

吸　収

ヒトの小腸は6〜7mくらいあって，無数のひだがある。このひだには無数の突起があって，この突起を柔毛というんだ。

消化されたブドウ糖，アミノ酸，脂肪酸とモノグリセリドはこの柔毛から吸収されるよ。

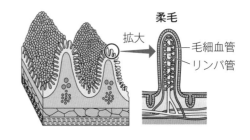

柔毛の中には**毛細血管**と**リンパ管**が通っていて，**ブドウ糖とアミノ酸は毛細血管に吸収される。脂肪酸とモノグリセリドは，小腸の壁を通ったあと，再び脂肪となって，リンパ管**に吸収されて，やがて静脈に入るんだ。

このようなつくりになっていることで，小腸の表面積はテニスコート1面分くらいの大きさになっている。つまり，**小腸に多くの柔毛があることは，小腸の表面積が大きくなって吸収の効率が高まる**というメリットがあるよ。

記述対策

問：小腸はなぜこのようなつくりになっているのか。
答：表面積を大きくして栄養分を効率よく吸収できるようにするため。

【肝臓のはたらき】

肝臓には多くのはたらきがあり，わかっているだけでも500種類以上あるといわれているんだ。もちろん，全部覚える必要はないから，主なものをおさえておこう。

❶ 胆汁をつくる

消化液である胆汁をつくっている。つくられた胆汁は胆のうに運ばれる。

❷ アンモニアを尿素に変える

尿素はじん臓に送られる。

❸ 栄養分をたくわえる

ブドウ糖をグリコーゲンとしてたくわえ，必要に応じて血液に放出する。

❹ 有害なものを無害なものに変える（解毒作用）

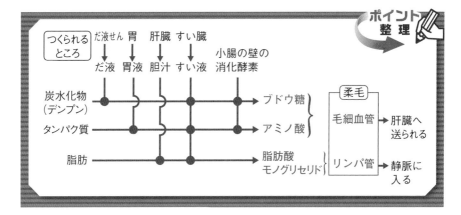

少し くわしく

📖 デンプン

デンプンは数十個から数万個のブドウ糖が集まってできている。
麦芽糖はブドウ糖が2個結びついてできている。アミラーゼ（だ液）によってデンプン→麦芽糖と分解される。麦芽糖はマルターゼ（小腸の壁の消化酵素）によって，麦芽糖→ブドウ糖と分解されて，柔毛から吸収されるんだ。

デンプン　　　　→　　　麦芽糖　　　→　　　ブドウ糖
　　　（アミラーゼ）　　　（マルターゼ）

参考書で「デンプンを糖に分解する」という内容を見ることがあるけど，デンプンも糖の一種なんだ。そうすると「デンプンを糖に分解する」→「糖を糖に分解する？」ということになるよね。だから，正確にいえば「だ液はデンプンを主に麦芽糖などに分解する」ということになるんだ。

【だ液のはたらきの実験】

❶ 4本の試験管A〜Dを用意する。

❷ それぞれにデンプン溶液を入れる。

❸ A，Cにはだ液を加え，B，Dには水を加える。

❹ A，Bは40℃の湯に，C，Dは氷水につける。

❺ 10分後，A〜Dをそれぞれ半分ずつ分ける。

❻ 一方はベネジクト液を加えて沸とう石を入れて加熱する。

❼ もう一方は，ヨウ素液を加える。

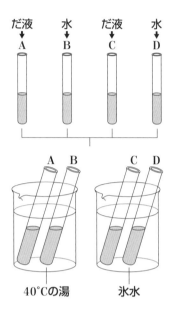

【結果】

ベネジクト液との反応

A	B	C	D
赤褐色	変化なし	変化なし	変化なし

ヨウ素液との反応

A	B	C	D
変化なし	青紫色	青紫色	青紫色

何に注目すればいいんでしょうか？

まず，実験条件と結果を書き出してみよう。

	だ液	温度	ベネジクト液	ヨウ素液		消化酵素
A	あり	40℃	赤褐色	変化なし	➡	はたらく
B	なし	40℃	変化なし	青紫色	➡	なし
C	あり	氷水	変化なし	青紫色	➡	はたらかない
D	なし	氷水	変化なし	青紫色	➡	なし

　結果を見ると，試験管Aと試験管B〜Dでベネジクト液とヨウ素液の反応が異なっているよね。これは，だ液に含まれているアミラーゼが**デンプンをブドウ糖が2つ結合したもの（麦芽糖）など**に分解したからなんだ。だ液が入っていて40℃の湯につけた試験管Aは，だ液によってデンプンが分解されて麦芽糖などになったから，ベネジクト液に反応して，ヨウ素液には反応しなかったんだ。

少し くわしく　**ベネジクト液**

　ベネジクト液は糖の中でもデンプンには反応せず，麦芽糖やブドウ糖などに反応する試薬。だから，だ液のはたらきの実験で使われるんだ。

　ちなみに，ベネジクト液は加えただけでは反応しないよ。**ベネジクト液を加えて，加熱すると赤褐色の沈殿**ができる。

　実験するときは，沸とう石を入れてから加熱するよ。少量の液体を加熱するときは，**突沸（急な沸とう）を防ぐために，沸とう石を入れて加熱する**んだ。

● **だ液があり，体温付近であれば，消化酵素がはたらき，デンプンが分解される**

> どうして条件の異なる試験管を用意して実験したんですか？

　とってもいい質問だね。

　試験管Aの結果を見るとヨウ素液が反応していないから，デンプンが分解されたことはわかるよね。でも，この結果だけでは「何のはたらきによって分解されたのか」がわからないんだ。

　試験管Aと試験管Bの違いは「だ液が入っている」「水が入っている」ということだけで，それ以外の条件はすべて同じにしている。そうすることによって，試験管Aではデンプンが分解されて，試験管Bではデンプンが分解されなかったことから，**だ液によってデンプンが分解された**ことがわかるよね。

　このように，**調べようとすることがら以外の条件を同じにして行う実験**を対照実験というよ。

漢字に注意　○対照実験　×対象実験　×対称実験

問 題

Ⅰ. 試験管 A，B，C，D を用意し，それぞれに
うすいデンプン溶液を 5cm³ ずつ入れた。
次に，A，B には水でうすめただ液を 2cm³
ずつ加え，C，D には水を 2cm³ ずつ加えた。
さらに，図のように，A〜D を約 40℃の
湯に 10 分間つけた。

図1

温度計

約40℃の湯

Ⅱ. その後，試験管 A，C にヨウ素液を 2，3 滴
加えた。また，試験管 B，D にベネジクト液を少量加え，沸とう石を
入れてガスバーナーで加熱した。表は，その結果を示したものである。

(1) 表から，試験管 ① の
結果を比較すると，だ液のは
たらきによってデンプンがな
くなったことがわかる。また，
試験管 ② の結果を比較
することで，だ液のはたらき

	試験管A	試験管C
ヨウ素液	変化なし	青紫色に変化した
	試験管B	試験管D
ベネジクト液	赤褐色に変化した	変化なし

によって麦芽糖などができたことがわかる。これらのことから，だ液の
はたらきによってデンプンが麦芽糖などに変化したと考えられる。

① ，② にあてはまるものを，次のア〜エからそれぞれ
1 つずつ選び，記号で答えなさい。

ア A，B　　イ A，C　　ウ B，D　　エ C，D

(2) 次に図 2 のように，デンプンとブドウ
糖を混ぜた液が入ったセロハン（セロ
ファン）の袋を，水を入れたビーカーに
しばらく入れておいた。その後，ビーカー
の中の水を 2 本の試験管に入れ，ヨウ素
液とベネジクト液の反応をそれぞれ調べ
たところ，ヨウ素液では変化しなかった
が，ベネジクト液では赤褐色に変化した。

図2

デンプンと
ブドウ糖を
混ぜた液

セロハン

水

　　下線部の結果が得られた理由を，デンプンの分子，ブドウ糖の分子，セロハンの穴のそれぞれの大きさに着目して書きなさい。

〈熊本県〉

解　説

(1)　ヨウ素液はデンプンに反応して青紫色に変化する。

　　Aではだ液のはたらきによってデンプンが分解されたためにヨウ素液が反応しないが，Cではデンプンが残っているためにヨウ素液が反応する。

　　また，ベネジクト液を加えて加熱するとブドウ糖や麦芽糖に反応して赤褐色の沈殿ができる。

　　Bではだ液のはたらきにより麦芽糖などができたからベネジクト液が反応するが，Dでは麦芽糖などがないためベネジクト液は反応しない。

　　対照実験の問題は，知識ではなく実験条件を正確に読み取る必要があるから，しっかりと訓練しよう。

(2)　ヨウ素液は反応せずベネジクト液は反応したことから，ビーカーの中の液にはデンプンは含まれていないが，ブドウ糖は含まれていることがわかるよ。

　　これは，**デンプンの分子はセロハンの穴よりも大きい**ため，セロハンを通り抜けないが，**ブドウ糖の分子はセロハンの穴よりも小さい**ため，セロハンを通り抜けたからなんだ。

解　答　(1)　①　イ　②　ウ

　　　　　(2)　セロハンの穴と比べて，デンプンの分子は大きく，ブドウ糖の分子は小さいため，ブドウ糖の分子だけがセロハンの穴を通ることができたから。

呼吸・血液の循環・排出

 イントロダクション

◆ **呼吸** ➡ 肺での呼吸と細胞の呼吸があるよ。
◆ **心臓と血管** ➡ 血管の名称と血液の名称は混同しやすいので注意！
◆ **血液の循環** ➡ 流れている血液の特徴を臓器の役割と合わせて整理しよう。

呼吸

【肺での呼吸】

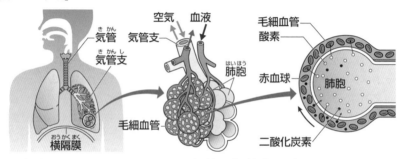

　鼻（口）から取り入れた酸素は，**気管→気管支→肺**へと送られる。肺には無数の**肺胞**があって，ここで**酸素と二酸化炭素の交換が行われる**よ。

　肺胞には**毛細血管**がはりめぐらされていて，肺胞内の酸素が毛細血管へ取り込まれ，毛細血管内の血液中の二酸化炭素が肺胞へ引き渡される。

　たくさんの肺胞があることによって，**肺の表面積を大きくして気体交換の効率を高める**ことができるんだ。肺での呼吸を**外呼吸**ということがあるよ。

【細胞の呼吸】

　ヒトが生きていくためには，エネルギーが必要だよね。このエネルギーは毛細血管に取り込まれた酸素と小腸で吸収した栄養分を使って，細胞内でつくり出しているんだ。これを**細胞の呼吸**とい

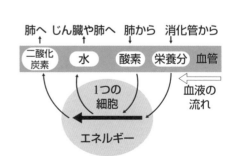

うんだ。外呼吸に対して，細胞の呼吸を**内呼吸**と呼んでいるよ。

血液の成分

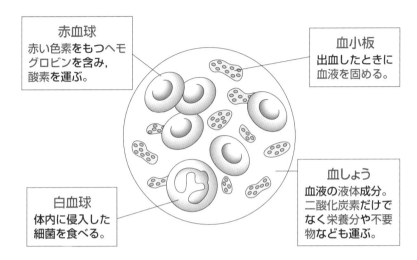

赤血球
赤い色素をもつヘモグロビンを含み，酸素を運ぶ。

血小板
出血したときに血液を固める。

白血球
体内に侵入した細菌を食べる。

血しょう
血液の液体成分。二酸化炭素だけでなく栄養分や不要物なども運ぶ。

　小腸で吸収された栄養分や肺で吸収された酸素は，血液によって，全身に運ばれるよ。

　血液の成分では，**赤血球**，**白血球**，**血小板**，**血しょう**を覚えよう。

　赤血球は，中央がへこんでいて円盤状の形をしている細胞で，赤い色素をもった**ヘモグロビン**を含んでいるんだ。この**ヘモグロビンは，酸素が多く二酸化炭素が少ないところでは酸素と結びつき，二酸化炭素が多く酸素が少ないところでは酸素をはなす**性質があるんだ。簡単にいえば，**酸素を運ぶ**んだよ。ちなみに，血液が赤いのは**ヘモグロビンのもっている色素によるもの**なんだ。

　白血球は，赤血球より少し大きめでアメーバ状の細胞だよ。体内に侵入してきた**細菌を食べて分解するはたらき**があるんだよ。

　血小板は，出血したときに**血液を固めるはたらき**があるんだ。

　この赤血球，白血球，血小板の3つは，**固体成分**なんだ。そして，**液体成分**が**血しょう**と呼ばれている透明な液体。**栄養分，不要物，二酸化炭素などを運ぶ**よ。酸素は赤血球，それ以外は血しょうが運ぶんだ。

心臓と血管

　血液は心臓によって，全身に運ばれているのは知っているよね。心臓は，ポンプの役割をして血液を全身に送り出しているんだ。心臓は筋肉でできていて，絶えず収縮と拡張を繰り返して血液を送り出しているよ。

【心臓のつくり】

　右の図は心臓を正面から見たものだよ。心臓には**右心房**，**左心房**，**右心室**，**左心室**の4つの部屋があるんだ。上の部屋は**心房**といって，心臓に戻ってくる**血液が入る部屋**。下の部屋は**心室**といって，**血液が出ていく部屋**だよ。ちなみに左・右は，本人から見ての向きだから，図の向きとは反対になっているよ。

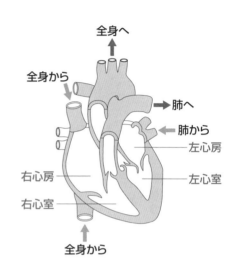

【動脈と静脈】

　血液を送るには，血液の通り道がないといけないけれど，それが血管だね。血管には，**心臓から出ていく血液が流れる動脈**と**心臓に戻ってくる血液が流れる静脈**があるよ。

　出ていく血液は勢いがあるから，動脈は**壁が厚く**筋肉で覆われているんだ。それに対して，静脈は動脈と比べると血液の流れの勢いが弱いから，**逆流を防ぐために弁がある**のが特徴だよ。

【動脈血と静脈血】

　血液はさまざまなものを運んでくれる運び屋さんだったよね。血液には，動脈血と呼ばれているものと，静脈血と呼ばれているものがあるんだ。

　酸素が多く含まれている血液を動脈血，**二酸化炭素が多く含まれている血液**を静脈血というんだ。

動脈に流れる血液を動脈血っていうんじゃないんですね。

　その通り。動脈のうち，心臓から肺にいく血液が流れる血管を**肺動脈**，心臓から肺以外の全身にいく血液が流れる血管を**大動脈**と呼ぶよ。静脈も同じで，肺から心臓に戻ってくる血液が流れる血管を**肺静脈**，肺以外の全身から心臓に戻ってくる血液が流れる血管を**大静脈**というんだ。

　このうち，肺動脈（心臓→肺）に流れる血液は，二酸化炭素が多いから静脈血だ。肺静脈（肺→心臓）に流れる血液は，酸素が多いから動脈血だよ。

血液循環

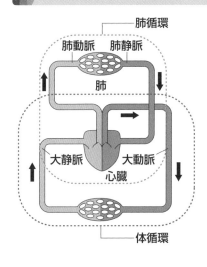

　肺や全身から心房に戻ってきた血液は心室に送られて，心室から肺や全身に送られる。そして，心房に戻ってくるんだ。このような血液の流れを**血液循環**といい，血液循環には，肺循環と体循環があるよ。

　肺循環は，**心臓から肺を循環して心臓に戻る**血液の流れ。体循環は**心臓から肺以外の全身を循環して心臓に戻る**血液の流れだ。

【物質のやりとり】

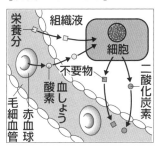

　毛細血管まで運ばれてきた酸素や栄養分は，からだの細胞にわたされる。血管からしみ出した**血しょう**は**組織液**と呼ばれるよ。組織液は，からだの細胞に**酸素と栄養分をわたし**，**二酸化炭素や不要物を回収**しているんだ。

　組織液の一部は，リンパ管に吸収される。吸収された組織液はリンパ液と呼ばれるよ。

循環する血液には，いくつかの特徴があるんだ。下の図をみてみよう。

❶は肺動脈だ。ここには，肺で気体交換する前の血液が流れているので，**二酸化炭素がもっとも多く含まれている**。

❷の肺静脈には，肺で気体交換したあとの血液が流れているので，**酸素がもっとも多く含まれている**。

❸の血管は**門脈**といって，小腸と肝臓をつないでいる血管だよ。ここには，**小腸で吸収された栄養分を多く含む**血液が流れているんだ。

❹の血管には肝臓を通ったあとの血液が流れているので，**アンモニアがもっとも少ない**んだ。

❺の血管にはじん臓で尿素などをこしとられたあとの血液が流れているので，**尿素がもっとも少ない**。

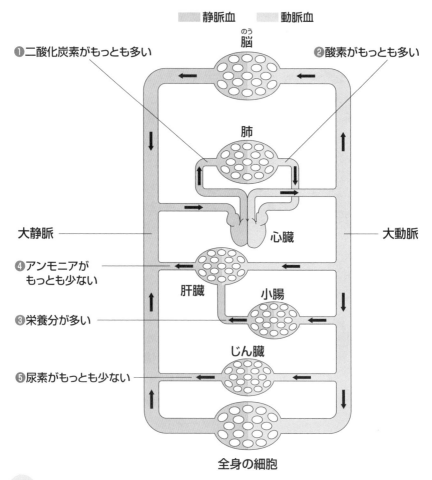

排　出

　タンパク質を分解すると，アンモニアが生じるんだけれど，生じたアンモニアは，そのあとどうなるか覚えているかな？

> アンモニアは肝臓で無害な尿素に変えられるんですよね？
> 肝臓のはたらきで習いました。

　しっかり覚えていたね。その後**尿素は，じん臓でこしとられて，尿として排出される**んだ。じん臓は，ソラマメのような形をした臓器で，腰の上あたりの背骨の両側にあるんだ。じん臓でこしとられた尿素は，尿として**輸尿管**を通って**ぼうこう**にためられたあと，体外に排出されるよ。

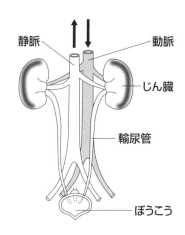

<figure>
静脈　動脈　じん臓　輸尿管　ぼうこう
</figure>

8 感覚器官と神経

中1 中2 中3

■■ イントロダクション ■■

◆ **感覚器官** → 目と耳のつくりを覚えよう！

◆ **神経系** → 意識して行う反応と意識とは無関係に起こる反応（反射）の，信号の伝わり方の違いをおさえよう。また，反射の具体例も覚えておこう。

感覚器官

　動物は，音やにおい，光などの刺激を受け取り，それに反応して活動を行っている。さまざまな刺激を受け取っている**目，耳，鼻，舌，皮膚**などを感覚器官と呼んでいるよ。具体的には目では**光**，耳は**音**，鼻は**におい**，舌は**味**，皮膚は**温度や圧力など**の刺激を受け取っているんだ。ここでは，よく出てくる耳と目のつくりを見ていこう。

【耳のつくり】

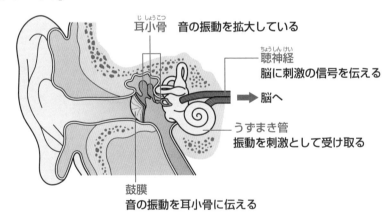

耳小骨　音の振動を拡大している

聴神経
脳に刺激の信号を伝える

➡ 脳へ

うずまき管
振動を刺激として受け取る

鼓膜
音の振動を耳小骨に伝える

　耳では，音の振動が**鼓膜**に伝わる。鼓膜の振動が**耳小骨**で拡大され，う**ずまき管**に刺激として伝わり，信号が聴神経を通って脳に送られるんだ。

　耳には，これらのほかにからだの傾きや回転などを感じる役割もあるんだ。

【目のつくり】

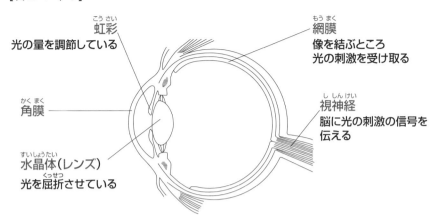

虹彩
光の量を調節している

網膜
像を結ぶところ
光の刺激を受け取る

角膜

視神経
脳に光の刺激の信号を
伝える

水晶体（レンズ）
光を屈折させている

外から目に入ってきた光は，**角膜→水晶体（レンズ）を通って網膜に像**を映す。網膜で受け取った刺激の信号は，視神経を通って脳に送られ，画像として認識されるんだ。

虹彩は，目に入ってくる**光の量を調節**していて，それによってひとみの大きさが変わるんだ。水晶体は，光を屈折させて，**網膜に像を映しているよ。**

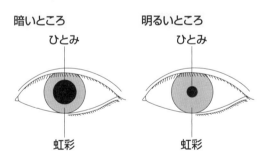

暗いところ
ひとみ
虹彩

明るいところ
ひとみ
虹彩

左の図は，虹彩のはたらきでひとみの大きさが変わる様子を表したものだよ。**暗いところにいくと，ひとみは大きくなり，明るいところにいくと，ひとみは小さくなる**んだ。

漢字に注意 ○網膜 ×綱膜

　図は，感覚器官で受け取った刺激の信号と，脳からの命令の信号が伝わっていく経路を示したものだ。ここでは，信号がどのように神経を伝わっていくかを学習していくよ。各部の名称と信号が伝わる経路が重要だよ。

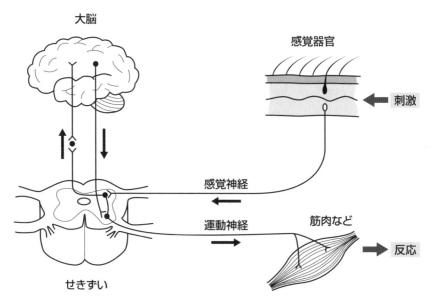

　感覚器官で受け取った刺激は電気信号として伝えられていき，脳にいくことで感覚として認識される。皮ふなどの感覚器官で受け取った刺激の信号は，神経を通って伝達されていき，反応を起こすんだ。

　神経は大きく**中枢神経**と**末しょう神経**の2つに分けられる。中枢神経は命令を出す部分で，**脳**と**せきずい**からなる。末しょう神経は，**感覚器官で受け取った刺激の信号を中枢神経に伝える**感覚神経**と中枢神経からの命令の信号を筋肉などに伝える**運動神経からなるんだ。

　では，感覚器官で受け取った刺激がどのように伝わって反応をしているかを見ていこう。反応には「意識して行う反応」と「意識とは無関係に起こる反応」とがあるんだ。

【意識して行う反応】

「**意識して行う反応**」は**脳からの命令**による反応なんだ。

信号の伝わり方は次のような順だよ。前のページの図と合わせてしっかり覚えよう。

感覚器官（皮ふなど）で受け取った刺激の信号は，感覚神経を通って，せきずいに送られ，せきずいから大脳へ伝わる。大脳が刺激の信号を受け取ることで感覚として認識し，大脳から命令を出す。命令の信号がせきずいへ伝わり，運動神経を通って筋肉などに送られて反応をしているんだ。

【意識とは無関係に起こる反応】

意識とは無関係に起こる反応のことを**反射**というよ。「**熱いやかんにさわって，思わず手を引っこめる**」というのが，反射の例として有名だ。

反射は，**せきずいなどからの命令**で反応しているんだ。感覚器官で受け取った刺激の信号は感覚神経を通ってせきずいに送られる。そして，せきずいから命令の信号を出して，運動神経を通って筋肉などに伝わり反応を起こすんだ。大脳を介さずに反応を起こすことで，経路が短くなり，刺激を受け取ってから**反応までの時間が短くなる**。そうすることで，**危険から身を守ることができる**んだよ。熱いやかんにさわったときの例では，刺激の信号は大脳にも伝えられ，反応が起こるのとほぼ同時に「熱い」と認識しているよ。

信号が伝わる経路とともに「意識して行う反応」なのか「反射」なのかを判断できるようにしておこう。では，いくつか例をあげて考えてみよう。どれが反射で，どれが反射ではないか，わかるかな。

- 熱いやかんをさわり，思わず手を引っこめた。
- 教室が暑く，汗をかいた。
- 明るい(暗い)ところに移動し，ひとみが小さく(大きく)なった。
- 口の中に食べ物を入れたら，だ液が出た。
- ほこりが鼻に入り，くしゃみが出た。
- ひざの下をたたくと，足が跳ね上がった。

　これらは，すべて反射なんだ。選択問題として入試でも出てくることがあるから，覚えておくといいよ。

> 条件反射という言葉を聞いたことがあるんですが，
> 反射とは違うんですか？

　結論からいうと，**反射と条件反射は区別される**よ。

　反射は，意識とは無関係に起こると説明してきたけれど，別の表現をすると，生まれつき備わっているものということができるんだ。それに対して，条件反射は過去に経験したものがもととなって起こる反応なので，後天的なものになるんだよ。例えば，「好きな食べ物を見るとだ液が出る」などが条件反射の例だ。

少し〈くわしく〉 📖 **条件反射**

　条件反射を発見したのは，ソ連(ロシア)の生理学者イワン・パブロフ。パブロフの犬の実験が有名だよ。パブロフは，犬にエサをあたえるときに，音を鳴らすことを繰り返し行うことで，犬は音を聞いただけでだ液が出るようになることを発見したんだ。

テーマ 9 細胞のつくりと細胞分裂

中1 **中2** 中3

■┣ イントロダクション ┣■

◆ 細胞のつくり ➡ 植物と動物の違いをおさえておこう！

◆ 細胞分裂 ➡ 染色体の変化に注目。細胞分裂の順序の並べかえをできるようにしよう。タマネギの根の細胞分裂の観察はおさえておこう。

細胞のつくり

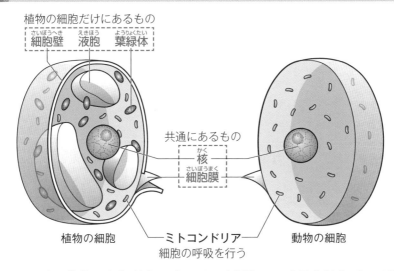

植物の細胞だけにあるもの
細胞壁　液胞　葉緑体

共通にあるもの
核
細胞膜

植物の細胞　　ミトコンドリア　動物の細胞
細胞の呼吸を行う

　ここでは，生物のからだをつくっている細胞のつくりを学んでいこう。細胞のつくりは，植物と動物で共通するところと異なるところがあるんだ。

　共通なつくりは**核**と**細胞膜**。**核**は，ふつう**1つの細胞に1つ**あって，顕微鏡で観察するときは，そのままでは見えないので**酢酸カーミン液**または**酢酸オルセイン液**で染色するんだ。**細胞膜**は細胞の外側にあるうすい膜で，細胞を覆っているんだ。

　植物の細胞にしかないつくりが**葉緑体**，**液胞**，**細胞壁**。

　葉緑体は知っての通り，**光合成を行っている**ところだね。**液胞**は**細胞の活動でつくられた液で満たされている**ところ。**細胞壁**は細胞膜の外側にある丈夫なつくりで，**からだを支える役割**があるんだ。

第1章 生物分野
第2章 地学分野
第3章 化学分野
第4章 物理分野

> 葉緑体，液胞，細胞壁があれば，それは植物の細胞ってことなんですね。

　そうだね。ただ，注意も必要だよ。植物の細胞でも緑色をしていないところは，葉緑体がないんだ。そして，液胞は細胞の活動によってつくられた液で満たされているから，新しい細胞にはないことがある。つまり，**植物の細胞と動物の細胞のもっともわかりやすい違いは，細胞壁があるかないか**なんだ。

【細胞の観察】

　タマネギの表皮，オオカナダモの葉，ヒトのほおの粘膜を観察する。Aはそのまま観察したもので，Bは染色液で染めてから観察したものだよ。

　Aでは核が観察できないけれど，染色液で染めたBでは核が観察できるよ。また，オオカナダモの葉では葉緑体が観察できるんだ。

・タマネギの表皮　　　　・オオカナダモの葉　　　・ヒトのほおの粘膜

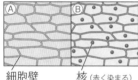
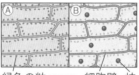
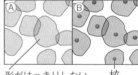

細胞壁　　　核(赤く染まる)　　緑色の粒(葉緑体)　細胞壁　核　形がはっきりしない　　核

少し くわしく　ミトコンドリア

　核や細胞膜以外にも，動物と植物の細胞で共通なつくりはたくさんあるんだけれど，代表的なものに**ミトコンドリア**があるんだ。ミトコンドリアは，細胞の呼吸を行っているところなんだ。細胞の呼吸とは，有機物と酸素を使って，エネルギーをつくり出すことだよ。

単細胞生物と多細胞生物

ヒトのからだは何個の細胞でできているか知っているかな。なんと，数十兆個もの細胞でできているといわれているんだ。ヒトと同じように，いろいろな生物が多くの細胞でできている。

一方，アメーバやゾウリムシ，ミドリムシなどのように，からだが**1個の細胞だけでできている生物**もいるんだ。このような生物を**単細胞生物**というよ。単細胞生物は，1つの細胞で栄養分を吸収したり，不要物を排出したりしているんだ。

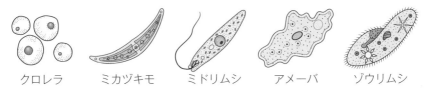

| クロレラ | ミカヅキモ | ミドリムシ | アメーバ | ゾウリムシ |

それに対し，ヒトやミジンコ，アブラナなどのように，からだが多くの細胞でできている生物を**多細胞生物**というんだ。たくさんある細胞のうち，**形やはたらきが同じような細胞が集まった部分**を組織と呼んでいるよ。さらに**組織がいくつか集まってまとまったはたらきをするもの**が器官。植物でいえば，根，茎，葉，ヒトでは胃や小腸などが器官だ。そして，さまざまな器官が集まって1つの**個体**となっているんだ。

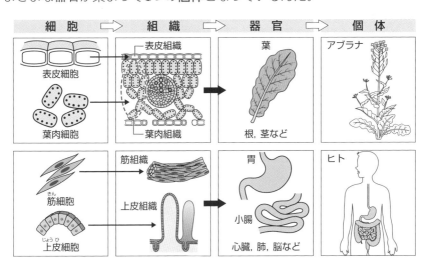

細胞分裂

　1つの細胞が分裂して2つの細胞になることを**細胞分裂**というんだ。からだの細胞をふやすときの細胞分裂のことを特に**体細胞分裂**というよ。

　下の図は植物の細胞分裂の流れで，並べかえの問題もよく出てくるから，しっかり覚えておこう。細胞分裂の流れをおさえるときは，核の中にある染色体の変化に注目していくんだ。

　まず，細胞分裂が始まると核が消えて**染色体が現れる**（②）。そして，それらが**中央に並ぶように移動する**んだ（③）。その後，染色体は**縦に2つに割れて両端に分かれていく**（④）。再び，核が現れ始め，**しきりができる**（⑤）。そして，**2つの細胞になる**んだ（⑥）。

　ちなみに動物の細胞では，⑤でしきりができるのではなく，くびれができて2つの細胞になるんだ。

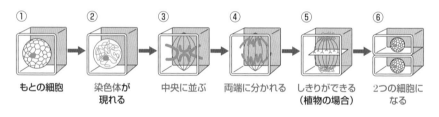

①	②	③	④	⑤	⑥
もとの細胞	染色体が現れる	中央に並ぶ	両端に分かれる	しきりができる（植物の場合）	2つの細胞になる

染色体の数はどうなっているんですか？

　実は，細胞分裂が近づいてくると染色体は複製されて数が2倍になるんだ。2倍になってから2つに分かれていくから，**分裂後の細胞と分裂前の細胞で染色体の数は変わらない**よ。

　次に，細胞分裂が行われている部分を確認していこう。

　図のようにタマネギの根を染色液に入れて染色したあと，水につけて1日後に成長の様子を観察すると**成長した部分の色がうすくなっている**んだ。うすくなっている部分は根の先のほうに集まっているよね。

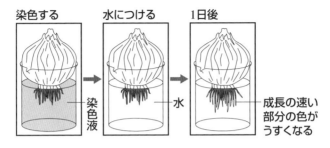

染色する　　水につける　　1日後

染色液　　　　水　　　　成長の速い
　　　　　　　　　　　　　部分の色が
　　　　　　　　　　　　　うすくなる

> タマネギの根は先端のほうで細胞分裂が盛んに行われているんですね。でも1日後の図をよく見ると，根の先端は色の濃い部分があるように見えるんですが……。

　よく見ているね。植物の根では**先端付近で細胞分裂が盛んに行われている**けれど，先端の部分は**根冠**といって，細胞分裂は行われていないんだ。根冠は**根の先端付近を保護している**んだ。細胞分裂が盛んに行われているのは，根冠より根元に近い**成長点**といわれる部分。成長点の細胞を観察すると，細胞分裂の様子が観察できるんだ。成長点

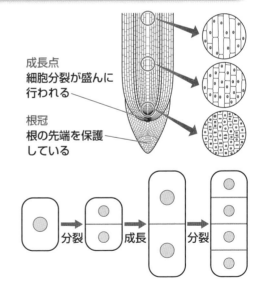

成長点
細胞分裂が盛んに
行われる

根冠
根の先端を保護
している

分裂　　成長　　分裂

から根元に近づくほど，細胞は成長して大きくなっているんだよ。このようにして，生物は**細胞分裂によって細胞の数をふやし，ふやした細胞を大きくすることで成長する**んだ。

【細胞分裂の観察】

タマネギの根の細胞分裂の様子を観察する実験を学習していこう。プレパラートは，次の手順でつくるんだよ。

まず，タマネギの**根の先端**を切り取って，**うすい塩酸**に入れて60℃の湯であたためる。水洗いしたのち，スライドガラスにのせて根を柄つき針でほぐす。そして，**染色液**（**酢酸カーミン液**または**酢酸オルセイン液**）で，核や染色体を染めるんだ。最後にカバーガラスをかけて，**ろ紙**をかぶせて**指で押しつぶす**んだよ。

> 注目しておくべき点はありますか？

次の4点をおさえておこう。

❶ 根の先端を切り取って観察する理由
❷ うすい塩酸で処理する理由
❸ 染色液で核や染色体を染める理由
❹ ろ紙をかぶせて，指で押しつぶす理由

❶は，**根の先端付近で細胞分裂が盛んに行われている**からだよ。細胞分裂の様子を観察するのだから，細胞分裂が行われやすい部分を観察するんだ。

❷の理由は2つあるよ。1つ目は**細胞どうしを離れやすくするため**，2つ目は**細胞分裂を止めるため**なんだ。

❸は，**核や染色体を見やすくするため**。

❹は，**細胞どうしの重なりをなくすため**だよ。押しつぶすときは，カバーガラスを横にずらさないように垂直に押しつぶすんだよ。

テーマ ⑩ 生殖・遺伝・進化

中1 中2 中3

■■■ イントロダクション ■■■

◆ 生殖 ➡ 有性生殖での流れや無性生殖の特徴をおさえておこう。

◆ 遺伝 ➡ 顕性の法則や分離の法則を理解しておこう。

◆ 進化 ➡ 相同器官が出題されることがある。中間的な特徴をもつ生物もおさえよう。

無性生殖

雄雌に関係なく，受精せずに個体をふやす方法を**無性生殖**というんだ。無性生殖には，**分裂・出芽・栄養生殖**などの種類があるんだ。

分裂は，1つの個体が2つの個体に分かれてふえる方法だよ。ミカヅキモやゾウリムシなどは分裂によって，なかまをふやしているんだ。

出芽は，からだの一部がふくらみ，それが親から分かれて新しい個体をつくる方法だ。酵母やヒドラなどは出芽によって，なかまをふやしているよ。

栄養生殖は，根・茎・葉の一部から新しい個体ができるふえ方だ。さし木やさし芽は人工的な栄養生殖で，農業で利用されているよ。栄養生殖によってなかまをふやすものに，ヤマノイモのむかご，オランダイチゴのほふく茎，ジャガイモの塊茎やサツマイモの塊根などがあるよ。

無性生殖では，親の遺伝子をそのまま受けつぐから，**子は親とまったく同じ形質になる**んだ。

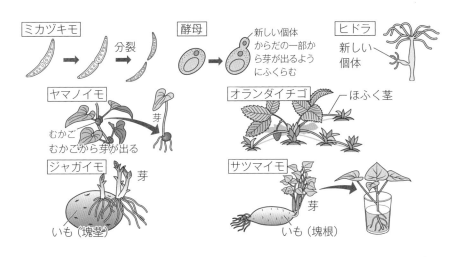

ミカヅキモ	分裂
酵母	新しい個体 からだの一部から芽が出るようにふくらむ
ヒドラ	新しい個体
ヤマノイモ	芽 むかご むかごから芽が出る
オランダイチゴ	ほふく茎
ジャガイモ	芽 いも（塊茎）
サツマイモ	芽 いも（塊根）

有性生殖

　有性生殖とは，雄と雌が関係し，**生殖細胞**によって子孫をふやす生殖のこと。**生殖細胞は体細胞と異なり，生殖のためにつくられる特別な細胞のこと**で，植物では**精細胞**と**卵細胞**，動物では**精子**と**卵**を指すんだ。生殖細胞がつくられるときの特別な細胞分裂のことを**減数分裂**と呼んでいるよ。

【被子植物の有性生殖】

　被子植物では，花粉がめしべの柱頭に受粉すると胚珠が種子に，子房が果実になるよね。その種子が発芽することで新しい個体ができる。

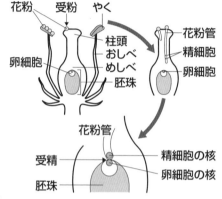

　ここからは，受粉してから種子ができるまでの流れを学習していくよ。被子植物では，次のようにして，種子ができるんだ。

❶　花粉がめしべの柱頭に**受粉**する

❷　受粉後，花粉から胚珠に向かって**花粉管**がのびていく

❸　花粉の中にある**精細胞**が花粉管の中を**移動**する

❹　精細胞が胚珠に達すると**精細胞の核と卵細胞の核が合体（受精）**し，**受精卵（１つの細胞）**ができる

❺　**受精卵が細胞分裂を繰り返して胚になり，胚珠全体が種子に成長する**

【花粉管がのびる様子の観察】

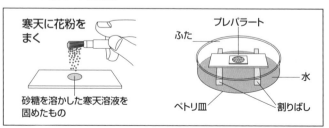

砂糖を溶かした寒天溶液をスライドガラスにたらし，冷やして固める。その上に筆にとった花粉を散布し，**カバーガラスをかけてプレパラートをつくり，図のように水を少し入れたペトリ皿の中に入れてふたをする。**数分後，顕微鏡で観察すると花粉管がのびている様子が観察できるんだ。

おさえておいたほうがいいポイントはありますか？

砂糖を溶かした寒天溶液を使った理由とペトリ皿に水を入れた理由はおさえておこう。砂糖を溶かした寒天溶液を使ったのは，**柱頭と似た状態にするため**なんだ。そして，水を入れた理由は**乾燥を防ぐため**だよ。

【カエルの有性生殖】

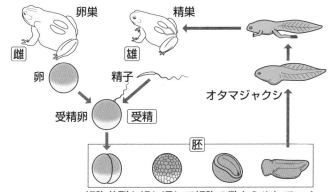

卵巣　精巣
雌　雄
卵　精子
受精卵　受精
オタマジャクシ
胚

細胞分裂を繰り返して細胞の数をふやしていく

次は，カエルの有性生殖を見ていこう。

雄の精巣でつくられた**精子の核**と**雌の卵巣**でつくられた**卵の核**が合体して，**受精卵**ができる。この場合も植物と同じで1個の細胞だよ。受精卵は，**細胞分裂を繰り返して胚になる**んだ。胚とは，**エサをとるまでの子のこと**をいうよ。受精卵が細胞分裂を繰り返してからだができていく**過程のことを発生**というんだ。

受精卵は細胞分裂をしていくと細胞の数を1個→2個→4個→8個→…とふやしていくんだ。このときは，細胞の数はふえていくけれど，全体ではほとんど成長していないから，一つひとつの**細胞の大きさは小さくなっていく**んだよ。

【減数分裂】

　生殖細胞は，染色体の数が半分になる減数分裂という特別な細胞分裂によってつくられるんだ。有性生殖では，受精して受精卵がつくられるよね。雄のつくる生殖細胞と雌のつくる生殖細胞の染色体の数が体細胞と同じだとすれば，受精卵では染色体の数がもとの2倍になってしまう。そこで，減数分裂によって，染色体の数が半分になった雄と雌の生殖細胞の核が受精することで，親と子(受精卵)の染色体の数が同じになるんだ。

【染色体の数】

　親の体細胞の染色体の数をn本とすると，精子（精細胞）は$\frac{1}{2}n$本，卵（卵細胞）も$\frac{1}{2}n$本になる。受精卵は，$\frac{1}{2}n+\frac{1}{2}n=n$本となるんだ。

遺　伝

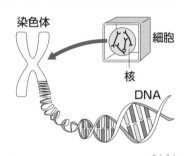

　遺伝という言葉は聞いたことがあるよね。親から子，子から孫へと形や性質などの特徴が似ている部分が伝わることだよね。この形や性質のことを**形質**といって，**親から子へ形質が伝わること**を**遺伝**というよ。細胞の核にある染色体には，**遺伝子**があって，ここに形質を現すもとになるものがあるんだ。遺伝子の本体は**デオキシリボ核酸**という物質で，頭文字をとって**DNA**ともいうよ。

　生物によって染色体の数は決まっていて，ヒトの染色体は46本あるんだ。

植物	染色体の数	動物	染色体の数
ジャガイモ	48	ヒト	46
トウモロコシ	20	チンパンジー	48
イネ	24	ニワトリ	78
スギナ	216	アメリカザリガニ	200

遺伝の規則性

【分離の法則】

　生殖細胞がつくられるときの減数分裂では，**対になっている遺伝子がそれぞれ異なる生殖細胞に入る**んだ。このことを**分離の法則**というよ。

対になっている遺伝子

生殖細胞

細胞

【顕性の法則】
^{けんせい}

　ここでは，**顕性の法則**について学習していくよ。

　メンデルは，自家受粉するエンドウをかけ合わせて親から子，子から孫へどのようにして形質が遺伝するかを調べたんだよ。

　純系(代を重ねても同じ形質を現すもの)の**丸い種子**のエンドウと，純系の**しわのある種子**のエンドウをかけ合わせたところ，**子の代ではすべて「丸」い種子のエンドウになった**。さらに，子の代どうしをかけ合わせたところ，**孫の代では丸：しわ＝3：1で現れた**んだ。

> 子の代はすべて「丸」なのに，どうして孫の代では「丸」と「しわ」の種子ができるんですか？

　では，「丸」の遺伝子をA,「しわ」の遺伝子をaとして，くわしく見ていこう。

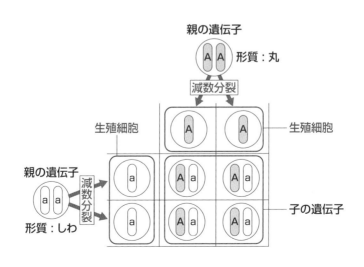

親の遺伝子

(A A) 形質：丸

減数分裂

生殖細胞　　(A)　(A)　生殖細胞

親の遺伝子　(a a)　形質：しわ

減数分裂

(a)(A a)(A a)

(A a)(A a)(a)

子の遺伝子

遺伝子は2本で1対になっているから，親の代の，純系の丸い種子のエンドウがもつ遺伝子はAA，純系のしわのある種子のエンドウがもつ遺伝子はaaと表されるんだ。そして，生殖細胞の遺伝子は，減数分裂によってそれぞれが半分になってA，Aとa，aになるんだ。そして，Aとaが受精して，子の代ではAaの遺伝子をもつ。

> AAが「丸」で，aaが「しわ」だと，子の代のAaでは丸としわのどちらになるんですか？

　AAは「丸」，aaは「しわ」になるのはわかるよね。エンドウの種子の場合は，Aaになったときの形質は「丸」になるんだ。エンドウの種子の形は，「丸」か「しわ」のどちらかしか現れない。このようにどちらか片方しか現れない形質どうしを対立形質というよ。「丸（A）」と「しわ（a）」のような対立形質の遺伝子を両方ともつ場合，「丸」のように現れてくる形質のことを顕性の形質，「しわ」のように現れてこない形質を潜性の形質というよ。Aaのように対立形質の遺伝子をもつ場合に顕性の形質が現れてくることを顕性の法則というんだ。

> 子の代では遺伝子がAaとなるので，種子は，顕性の形質の「丸」になることはわかったんですが……。
> じゃあ，孫の代ではどうなるんでしょうか？

　では，Aaの遺伝子をもつ子の代をかけ合わせたときの，孫の代を考えていこう。この場合も表をかいて考えよう。表をかくと次のようになるよ。

　孫の代の遺伝子を見ると，**AA，Aa，Aa，aa**となっているよね。このように遺伝子の組み合わせは，3パターンになるんだ。形質で見ていくと，AAは「丸」，Aaも「丸」，aaは「しわ」になるから，**孫の代では丸：しわ＝3：1の割**合で現れることになるね。

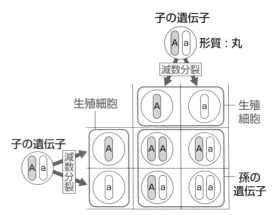

【孫の代】

遺伝子の組み合わせ　AA：Aa：aa ＝ 1：2：1
形質の現れ方　　　　　丸　：しわ ＝ 3 ：1

親の遺伝子をいろいろな組み合わせで考えたものを下にまとめてみたよ。

AAとaa		
	A	A
a	Aa	Aa
a	Aa	Aa

すべて丸

AAとAa		
	A	A
A	AA	AA
a	Aa	Aa

すべて丸

AaとAa		
	A	a
A	AA	Aa
a	Aa	aa

丸：しわ＝3：1

Aaとaa		
	A	a
a	Aa	aa
a	Aa	aa

丸：しわ＝1：1

両親のどちらかがAAのときは，子の代ではすべて「丸」になっている
ね。反対に子の代で「しわ」のある種子ができる場合は，両親のどちらも
AAの遺伝子をもたない組み合わせだということだね。

少し　くわしく
📖 **顕性・潜性**

　日本学術会議で，一部の用語が見直しされ，これまでの「優性・劣性」が「顕性・潜性」に変更になったんだ。教科書によっては，両方とも記載されているよ。
　ちなみに優性・劣性は，その形質が子の代で現れるか現れないかという意味で使われているので，優れているや劣っているという意味ではないよ。

問題　エンドウの種子の形が子や孫にどのように遺伝するかを調べる
ために，次の実験を行った。この実験に関して，あとの問に答えなさい。

実験1
　丸形の種子をつくる純系のエンドウと，し
わ形の種子をつくる純系のエンドウをかけ合
わせたところ，右の図のように，できた種子
（子）はすべて丸形になった。

実験2
　実験1で得られた丸形のエンドウの種子（子）
を育て，自家受粉させたところ，右の図のよう
に，丸形としわ形の両方の種子（孫）ができた。

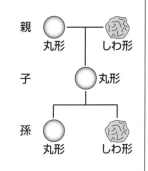

実験2について，得られた種子(孫)が1068個であるとき，次の①，②の問に答えなさい。

① 得られた種子(孫)のうち，丸形の種子は何個か。最も適当なものを，次のア〜エから1つ選び，その記号を書きなさい。

　　ア　267個　　　イ　356個　　　ウ　712個　　　エ　801個

② この1068個の種子をすべて育て，それぞれ自家受粉させたとき，得られるエンドウの丸形の種子としわ形の種子の数の比はどのようになるか。最も適当なものを，次のア〜オから1つ選び，その記号を書きなさい。

　　ア　1：1　　イ　3：1　　ウ　3：2　　エ　4：3　　オ　5：3

〈新潟県〉

解説

① 丸形の種子をつくる純系のエンドウの遺伝子の組み合わせをAA，しわ形の種子をつくる純系のエンドウの遺伝子の組み合わせをaaとすると，子の遺伝子の組み合わせはAa。子を自家受粉させると，孫の代では，AA：Aa：aa＝1：2：1となるので，丸：しわ＝3：1だから，丸形の種子は全体の$\frac{3}{4}$となる。

② 孫の代では，遺伝子の組み合わせがAA：Aa：aa＝1：2：1となるので，それぞれを自家受粉させた場合を考えていくとき，Aaは，AAやaaの2倍として考える。
　　　　AAでは，丸：しわ＝**4：0**
　　　　Aaでは，丸：しわ＝3：1　　2倍して，**6：2**
　　　　aaでは，丸：しわ＝**0：4**
　　これらをすべて合計すると，**10：6＝5：3**

解答　① エ　　② オ

進　化

　生物が進化してきたことは，化石や現存している生物から推測されているんだ。進化とは「**生物のからだの特徴が長い年月をかけて，代を重ねる間に変化すること**」だよ。

　セキツイ動物では，化石の発掘から，最初に魚類，その後，両生類，ハチュウ類，ホニュウ類，鳥類の特徴をもった動物が現れてきたと考えられているんだ。

　進化を裏付ける生物の化石も見つかっているんだ。例えば，魚類なのに肺をもつハイギョやユーステノプテロン，胸びれや腹びれの骨が発達して4本あしとなり，水辺をはって移動していたとされるイクチオステガなど，原始的な両生類の特徴をもつ動物の化石も発見されている。このようなことから，魚類から両生類へと進化したと考えられているんだよ。

　そして，約1億5000万年前の地層から発見された始祖鳥の化石を見ると，歯，つめ，尾の骨などハチュウ類の特徴がある一方，つばさや羽毛な

骨格　外見（想像図）
歯
尾の骨
つめ

ど鳥類の特徴を示すものもあるんだ。このことから，**始祖鳥はハチュウ類と鳥類の中間的な特徴をもつ生物**として有名なんだ。また，ホニュウ類の**カモノハシ**は，卵生で体温が安定していないなどハチュウ類に似た特徴をもっているんだ。

　そして，同じグループの動物でも生活環境によってはたらきが異なるが，同じようなつくりをしている器官があるんだ。右の図は，コウモリ，クジラ，ヒトの前あしの骨格

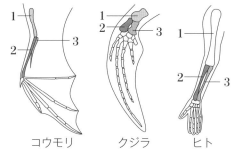

コウモリ　　クジラ　　ヒト

を表したものだよ。**つばさ，ひれ，うで**というようにはたらきは異なっているけれど，つくりに共通点があるんだ。

　このように，**形やはたらきが異なっていても，もともとは同じ器官であったと考えられるものを相同器官**というよ。

テーマ ⑪ 食物連鎖

+ イントロダクション +

◆ **食物連鎖** ➡ 始まりは有機物をつくる植物だよ。生物量のつり合いの保たれ方の流れはおさえておこう。

◆ **土の中の生物** ➡ 分解者のはたらきをおさえよう。

■ 食物連鎖

▼ 陸上の食物網

▼ 海中の食物網

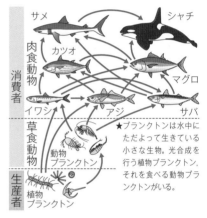

★プランクトンは水中にただよって生きている小さな生物。光合成を行う植物プランクトン,それを食べる動物プランクトンがいる。

食べられるもの ➡ 食べるものを示す。

　自然界での**生物どうしの食べる・食べられる**といったつながりを**食物連鎖**という。食物連鎖はデンプンなどの**有機物をつくる植物から始まる**んだ。植物は**太陽の光エネルギー**を使って光合成を行い,**無機物から有機物をつくり出している**ことから**生産者**といわれる。

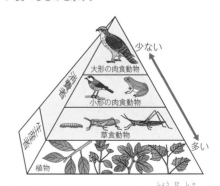

一方で動物は,植物がつくり出した有機物を取り入れるので,**消費者**と呼ばれているよ。

前ページにある一番下の図は，食物連鎖における数量の関係について，植物を底辺，大形の肉食動物を頂点としたピラミッドで表したものだよ。下にいくほど数量は多くなり，上にいくほど数量が少なくなっていくんだ。この数量の関係は，一時的に変化することはあるけれど，長期的に見ると一定に保たれているんだよ。

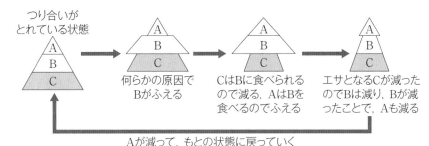

　生物濃縮という言葉を知っているかな。

　体内で分解されにくい物質が体内に蓄積されていき，周囲の環境より高濃度になることを生物濃縮というんだ。これは食物連鎖の上位の消費者ほど高濃度になるよ。

　水銀などの重金属や殺虫剤に使用されていたDDTやDDDなどは，環境に低い濃度で拡散しても食物連鎖の過程で徐々に蓄積されていき，深刻な被害が起こってしまうことがあるんだ。

少し くわしく
📖 生態系

　ある地域に生息するすべての生物と環境をまとめて**生態系**（せいたいけい）と呼んでいるよ。生態系では，食物連鎖は単純な直線的な関係ではなく，網の目のように複雑に絡み合っているんだ。このように食物連鎖が複雑に絡み合って網目状になっている関係を**食物網**（しょくもつもう）と呼んでいるよ。

土の中の生物

土の中でも落ち葉や枯れ葉，動物の死がいやふんなどを始まりとした食物連鎖（食物網）が見られるんだよ。

土の中にいるミミズやシデムシなどの小動物は，枯れ葉や生物の死がいを食べて細かくしている。さらに，小動物のふんなどの排出物である有機物を**菌類**や**細菌類**などの微生物が二酸化炭素などの無機物に分解しているんだ。このことから，**土の中の小動物**や**菌類・細菌類**のことを**分解者**と呼んでいるんだ。

▼　土の中の食物網

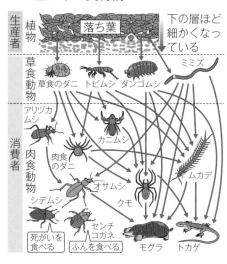

菌類はカビやキノコのなかまで，多くは多細胞生物だよ。細菌類は，乳酸菌や大腸菌などで，単細胞生物で肉眼では観察できないよ。この菌類や細菌類は，取り入れた**有機物を呼吸によって，二酸化炭素などの無機物に分解している**んだ。そして，分解の際に得られたエネルギーで活動をしているんだよ。

【主な分解者】

土の中の小動物	ミミズ，ダンゴムシ，ダニ，シデムシ，センチコガネ，トビムシなど
菌類	シイタケ，アオカビ，ミズカビなど
細菌類	乳酸菌，大腸菌など

【分解者のはたらきの実験】

土の中の微生物のはたらきを調べるために，森からとってきた土を2つに分けて，片方を十分に焼いた。A焼いた土とB焼いていない土を，デンプンの入った寒天培地にのせて，数日間放置した。

数日後，ヨウ素液を加えて，色の変化を観察したところ，Aでは，どの部分も青紫色に変化していたが，Bでは青紫色に変化した部分と変化しなかった部分があった。

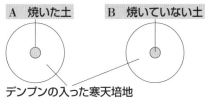

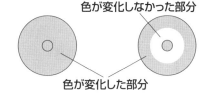

どうして土を焼いたんですか？

焼くことで，土の中の微生物を死滅させているんだ。つまり，微生物のいないAと，微生物のいるBを比較することで，土の中の微生物のはたらきを調べることができるんだ。

Aでは青紫色に変化していたことから，デンプンが分解されずに残っていて，Bでは土の周囲に色の変化が見られなかったことから，デンプンが別の物質に変化したことがわかるんだ。

物質の循環

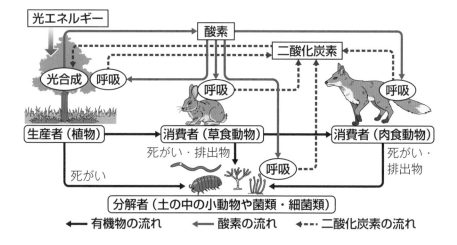

← 有機物の流れ　← 酸素の流れ　◀--- 二酸化炭素の流れ

　図は，生態系での**有機物，酸素，二酸化炭素の循環**を表しているよ。気体の循環から見ていこう。植物は光合成によって二酸化炭素を取り入れ，呼吸によって二酸化炭素をはき出している。また，光合成で酸素をつくり出し，呼吸によって酸素を取り入れているよね。物質の循環の図を見るとわかるけれど，**1つの気体に対して矢印が双方向になっているのは植物**だけだね。**分解者も呼吸をしている**ことも忘れずに覚えておこう。

　植物が光合成によってつくり出した有機物は，草食動物→肉食動物とわたっていき，生物の死がいや排出物は，最終的に分解者によって無機物に分解される。その無機物を植物が再び有機物へと合成しているんだ。

　このようにして，炭素（有機物や二酸化炭素に含まれている）や酸素は，循環しているんだ。

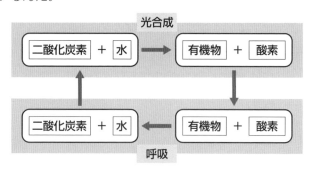

環境問題

わたしたち人間も自然界の一員として自然環境と関わっているんだ。人間の活動により，起こっている環境問題について見ていこう。

【大気汚染】

石油などの化石燃料を大量に消費することで，窒素酸化物や硫黄酸化物が空気中に放出されて，酸性雨となってさまざまな問題が起こっている。

【酸性雨による問題】

・遺跡や石像，建造物の腐食
・湖沼の生物が死滅する

【地球温暖化】

化石燃料の大量消費や森林の伐採によって，空気中の二酸化炭素が増加して，地球の気温上昇につながっていると言われているんだ。二酸化炭素やメタンガスには，宇宙空間へ放出される熱の一部を逃がさないようにするはたらき（**温室効果**）があるんだ。このことから，二酸化炭素やメタンガスのことを**温室効果ガス**というんだ。

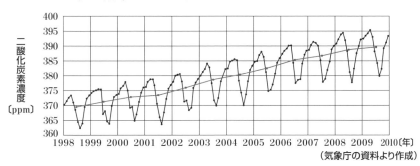

（気象庁の資料より作成）

【オゾン層の破壊】

冷蔵庫などの冷却材として使用されていたフロンによって，オゾン層の破壊が進んでしまうんだ。オゾン層は生物に有害な紫外線を吸収するはたらきがあるんだ。南極の上空では，特に被害が大きく，オゾンホールと呼ばれる穴があいているんだよ。

テーマ ⑫ 火 山

中1 中2 中3

■■ イントロダクション ■■

◆ **火山の活動** ➡ マグマのねばりけの違いで火山の形，噴火の様子が変わる。

◆ **火成岩と鉱物** ➡ ここは，覚えることが多いよ。火山岩と深成岩のでき方とつくりの違いをおさえよう。また，6 種類の火成岩の名称を鉱物と合わせて覚えよう。特に，安山岩と花こう岩は頻出だ。

火山の活動

　日本一高い山として有名な富士山は噴火を繰り返してできた火山だ。海外旅行で有名なハワイ島も海底火山が噴火してできた島なんだ。まず，噴火のしくみについて確認をしていこう。

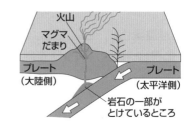

　地球の表面は十数枚あるプレートで覆われている。日本付近では大陸プレートの下に海洋プレートが沈み込んでいて，**海洋プレートの一部の岩石がとけてマグマができている**んだ。このマグマが，地下数kmのところまで上昇してきて，**マグマだまり**に蓄積されている。マグマだまりにあるマグマが地表の弱いところから噴き出すことによって噴火が起こるんだ。

　火山が噴火すると火口からいろいろな火山噴出物が出てくるんだ。

　固体では，火山れき，火山弾，**火山灰**，軽石などが出てくるよ。

　液体では，**溶岩**。溶岩はマグマが地表に現れたものだけれど，それらが**冷えて固まったものも溶岩**というよ。つまり，地球の内部にあるときはマグマ，地表に出てきたら溶岩と考えればいいよ。

　そして，気体の**火山ガス**。火山ガスは，

二酸化炭素や二酸化硫黄^{いおう}などが含まれているけれど，主成分は**水蒸気**^{すいじょうき}だよ。

　火山は，**マグマのねばりけや温度によって噴火の様子や火山の形が異なる**んだ。マグマのねばりけは二酸化ケイ素という物質が多いと強くなるんだ。ねばりけが強いマグマだと，ふたをされた状態になり火山ガスが行き場を失って，激しい噴火が起こりやすくなるんだ。そして，**マグマのねばりけが強いと，固まったときに白っぽい岩石になりやすい**んだ。

【火山の形とマグマのねばりけ】

	おわんをふせたような形	円すい形	平らな形
火山の形			
代表的な火山	昭和新山・雲仙普賢岳	富士山・桜島・浅間山	マウナロア・キラウエア
マグマのねばりけ	強い ←――――――――――→ 弱い		
噴火のようす	激しい ←――――――――――→ 穏やか		
岩石の色	白っぽい ←――――――――――→ 黒っぽい		
溶岩の温度	低い ←――――――――――→ 高い		
二酸化ケイ素の量	多い ←――――――――――→ 少ない		

火成岩と鉱物

　マグマは，岩石がとけたものだけれど，冷えて固まると再び岩石になるんだ。このように**マグマが冷えてできた岩石を火成岩**という。火成岩には，**火山岩**と**深成岩**があるよ。

　火山岩と深成岩を合わせて，火成岩というんですね！

　そうなんだ。よく気づいたね。このあともたくさん岩石が出てくるから，混同しないように，しっかり覚えておこう。

　では，火山岩と深成岩のつくりを見ていこう。

　火山岩と深成岩は，でき方に違いがあるんだ。マグマが**地表または地表付近で急に冷えて固まったものが火山岩**，地下深くでゆっくり冷え

て固まったものが**深成岩**だ。

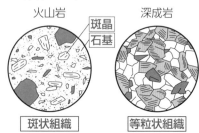

火成岩のつくり

火山岩　　　　　　　深成岩
斑晶
石基

斑状組織　　　　　等粒状組織

マグマが冷えて固まるときに結晶ができるんだけど，**ゆっくり冷えたほうが大きな結晶ができるんだ。**

右の図を見てごらん。深成岩は**地下深くでゆっくり冷えてできる**ので，比較的大きく，同じような大きさの結晶が組み合わさったつくりになっている。このようなつくりを**等粒状組織**というんだ。

それに対して，火山岩は**地表付近で急に冷えてできる**ので，非常に小さい結晶や結晶になれなかったガラス質の部分からなる**石基**とその中にある大きな結晶の**斑晶**からできているんだ。このようなつくりを**斑状組織**と呼んでいるよ。「斑」は「まだら」という意味だ。つくりが「まだら状」になっているから斑状組織というんだよ。

さらに，火山岩や深成岩は**鉱物**が何種類か集まってできているんだけど，その割合によって岩石の色が異なるんだよ。鉱物は透明や白色の**無色鉱物**とそれ以外の**有色鉱物**に分けられる。有色鉱物の割合が少ないと岩石は白っぽくなり，多くなれば黒っぽくなるんだ。

主な鉱物とその特徴を表にまとめておいたから確認しておこう。特に**セキエイ**，**チョウ石**の区別のしかたと，有色鉱物の**クロウンモ**は問題に出てきやすいので，確実に覚えておこう。

【主な鉱物】

無色鉱物		有色鉱物			
セキエイ	チョウ石	クロウンモ	カクセン石	キ石	カンラン石
無色 白色	白色 うす桃色	黒色	緑黒色	暗緑色	淡緑色 緑褐色
不規則に 割れる	決まった方 向に割れる	うすく はがれる	長柱状	短柱状	不規則な形

　次の表は，有色鉱物の割合とそれに対する火成岩の種類を表したものだよ。深成岩は，白っぽいものから順に**花こう岩**，**せん緑岩**，**斑れい岩**。火山岩では，**流紋岩**，**安山岩**，**玄武岩**の順だ。**チョウ石はどの岩石にも含まれている**よ。

　この表は，とても重要だから完璧に覚えておこう。

【火成岩の種類】

火成岩	深成岩（等粒状組織）	花こう岩	せん緑岩	斑れい岩
	火山岩（斑状組織）	流紋岩	安山岩	玄武岩
二酸化ケイ素		多い ⟵————————⟶ 少ない		
岩石の色		白っぽい ⟵————————⟶ 黒っぽい		
鉱物		セキエイ　チョウ石　クロウンモ　カクセン石　キ石　カンラン石		

| 覚え方 | 順番通りに覚えよう！

【火成岩】

深成岩：花こう岩・せん緑岩・斑れい岩 ➡ しん・かん・せん・は

火山岩：流紋岩・安山岩・玄武岩 ➡ か・り・あ・げ

【鉱物】

セキエイ・チョウ石・クロウンモ・カクセン石・キ石・カンラン石

➡ セキチョウウンカクキカン

花こう岩，安山岩，玄武岩である３つの岩石と，５つの鉱物について調べるために，次の観察を行った。次の問に答えなさい。

〔観察１〕３つの岩石の表面を洗い，きれいにした。次に，ルーペを使って観察し，岩石の色とつくりについてそれぞれ調べ，表１のようにまとめた。

表1

	花こう岩	安山岩	玄武岩
岩石の色	全体的に白っぽい色になっている	花こう岩と玄武岩の中間的な色になっている。	全体的に黒っぽい色になっている。
岩石のつくり	1つ1つの鉱物が大きく，ほぼ同じ大きさの鉱物がある。	形がわからないほど小さな粒の間に,比較的大きな鉱物が散らばっている。	安山岩と同じつくりになっている。

〔観察２〕５つの鉱物 A ～ E を，標本を用いて観察した。これらの鉱物のスケッチをしたあと，その色と特徴についてそれぞれ調べ，表２のようにまとめた。

表2

	A	B	C	D	E
鉱物のスケッチ					
鉱物の色	黒色	こい緑色緑黒色	暗緑色褐色	無色白色	白色
鉱物の特徴	形は板状。決まった方向にうすくはがれる。	形は長い柱状。	形は短い柱状。	形は不規則。不規則に割れる。	形は柱状。決まった方向に割れる。

(1) 次のア～ウは，岩石に含まれている鉱物の割合を示した円グラフであり，〔観察１〕で用いた３つの岩石のいずれかのものである。花こう岩のものとして，最も適当なものはどれか。次のア～ウから１つ選び，その記号を書きなさい。

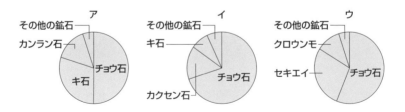

(2) 表1で，安山岩と玄武岩の色を比較すると，玄武岩は安山岩よりも黒っぽい色になっていた。次の文は，この理由をまとめたものである。
　　　　　　　　　　　に入る適当な言葉を書きなさい。

　　　理由：玄武岩は安山岩に比べて，　　　　　　　　　　　　　　から。

(3) 表2で，セキエイはどれか。最も適当なものを，A～Eから1つ選び，その記号を書きなさい。

(4) 次の文章は，観察した3つの岩石のつくりについて述べたものである。
　　　① 　～　　 ③ 　にあてはまる語句をそれぞれ書きなさい。

　　安山岩と玄武岩は，比較的大きな鉱物が小さい粒に囲まれてできている。この小さい粒でできている部分を　　①　　といい，このような岩石のつくりを　　②　　組織という。
　　花こう岩には，　　①　　の部分がなく，ほぼ同じ大きさの鉱物が組み合わさってできている。このような岩石のつくりを　　③　　組織という。

〈山梨県〉

解　説

(1) 花こう岩は，白っぽい岩石で無色鉱物を多く含んでいる。チョウ石はどの岩石にも含まれているので，セキエイを含んでいるものを選べばよい。

(2) 岩石の色が黒っぽくなるのは，有色鉱物を多く含んでいるからだよ。

(3) セキエイは無色鉱物だからDかE。無色鉱物のうち，セキエイは不規則に割れて，チョウ石は決まった方向に割れることから判断しよう。

(4) 安山岩と玄武岩は斑状組織の火山岩。斑状組織には，石基と斑晶がある。花こう岩は等粒状組織の深成岩だ。

解　答 (1) ウ　　(2) 有色鉱物を多く含んでいる
　　　　　(3) D　　(4) ① 石基　② 斑状　③ 等粒状

⓭ 地　　震

■┣■ イントロダクション ■┫■

◆ **地震とゆれの伝わり方** ➡ 用語はしっかりおさえておこう。特に，**震度とマグニ
　チュードの違い**を説明できるようにしておこう。

◆ **地震のしくみ** ➡ 大陸プレートと海洋プレートの位置関係と震源の深さに注目しよ
　う。

◆ **グラフの読み取り** ➡ P波とS波の速さの計算はできるようにしよう。

地震とゆれの伝わり方

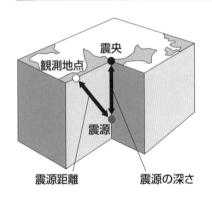

　　地震が発生した場所を**震源**，震源
の真上の地表の点を**震央**というんだ。
震源地という言葉を聞くことがある
かもしれないけれど，理科では**震源
地とはいわない**ので気をつけよう。
観測地点と震源との距離を**震源距離**
（震源からの距離）というよ。

　　地震が発生すると，震源では**P波**
と**S波**の2種類の波が**同時に発生**し，
それらが地面に伝わっていくことで，地面がゆれる。

　　P波はPrimary wave（第1波），S波はSecondary wave（第2波）の頭文
字をとってつけられていて，**P波のほうが伝わる速さが速く（約6〜8
km/s），S波のほうが遅い（約3〜5km/s）。**

　　地震が起こると，震源から離れたある地点にP波が到着して**小さなゆれ**
である**初期微動**が始まる。しばらくすると遅れてS波がやってくる。S波
が到着すると，**大きなゆれ**である**主要動**が始まるんだ。

　　P波の到着からS波が到着するまでの間は，初期微動が続いているんだ。
その時間のことを**初期微動継続時間**というよ。

【地震のゆれ】

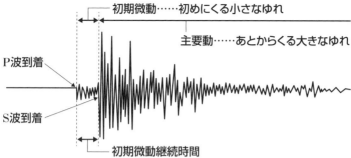

日本は地震が多いって聞いたんですが，どのくらいの頻度で起こっているのでしょうか？

　日本付近では，ほぼ毎日のように観測されているんだ。2011年で見ると，マグニチュード5以上の地震は1日平均2回以上にもなるんだ。**マグニチュード（M）は地震の規模を表す数値で，マグニチュードが1ふえるとエネルギーは約30倍になる**んだ。マグニチュードが2ふえると約1000倍にもなるんだ。

　1つの地震でも震源に近ければゆれが大きくなるし，遠ければ小さくなりやすいよね。観測地点でのゆれの大きさは震度で表して，日本では震度0 ～ 7まであり，**震度5と6は強弱**があるので，**震度は10段階に分け**られているよ。

　震度とマグニチュードの違いについての記述も出題されることがあるからおさえておこう。簡潔にいえば，「**震度は観測地点でのゆれの大きさを表し，マグニチュードは地震の規模を表す**」となるよ。

地震のしくみ

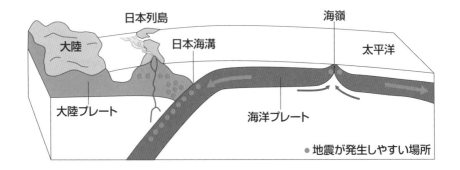

日本は地震が多いといったけれど，その理由は日本の位置にあるんだよ。地球の表面は，**プレート**という厚さ100kmの岩盤十数枚で覆われている。プレートは海底にある**海嶺**でつくられて，少しずつ両側に動いているんだ。海嶺の反対側では動いているプレートが沈み込む部分があって，そこにできた溝が**海溝**なんだよ。**海洋プレートが大陸プレートの下に沈み込むことで，大陸プレートにひずみがたまる。そこで，プレートの一部が崩壊したり，ひずみのたまった大陸プレートがもとに戻ろうと反発したりすることで地震が起こる**んだ。だから，海溝付近で地震が発生しやすいんだ。

日本付近には，海洋プレートである**太平洋プレート**，**フィリピン海プレート**，大陸プレートの**ユーラシアプレート**，**北アメリカプレート**の4つのプレートがあって，これらのプレートが重なり合っているため，地震が起こりやすいんだ。

次は，震源の深さについて見ていこう。下図は日本付近の震源と震央の分布を表しているよ。さっき述べた通り，太平洋側の**海溝付近に震央が多く分布している**のがわかるね。そして，震源の分布を見ると**大陸側（日本海側）になるほど震源の深さが深くなっている**よね。また，プレートの境目以外では，比較的浅いところを震源とした内陸型地震が起こっていることも覚えておこう。

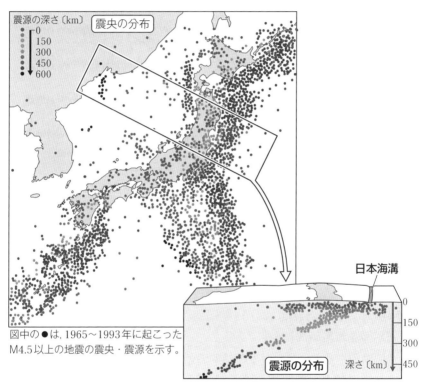

図中の●は，1965～1993年に起こったM4.5以上の地震の震央・震源を示す。

▲日本付近の震央・震源の分布

グラフの読み取りを学習していこう。下のグラフはある地震におけるA〜D地点でのゆれの始まりの時刻と震源からの距離を表したものだよ。

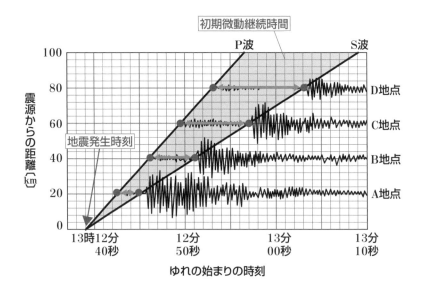

P波とS波のグラフの交点が地震発生時刻になるよ。この場合の発生時刻は、13時12分39秒だ。

次は、P波とS波の到着時刻に注目してみよう。B地点で見るとP波は12分46秒に到着、S波は12分51秒に到着しているね。これから、B地点での初期微動継続時間は5秒であることがわかるよね。ほかの地点でも同じように読み取ると、D地点での初期微動継続時間は10秒だ。

つまり、**震源からの距離が遠くなるほど、初期微動継続時間は長くな**るんだ。このグラフのようにP波やS波の到着時刻を結んだ線が直線になっている場合は、**初期微動継続時間は震源からの距離に比例する**んだ。

ほかにグラフから読み取れるものはありますか？

P波とS波の速さを求めることができるよ。

$$波の速さ〔km/s〕=\frac{伝わった距離〔km〕}{かかった時間〔s〕}$$

P波から求めていこう。

P波は12分39秒で0km，12分46秒で40kmの地点に到着しているから，7秒で40km進んでいるね。だから，$\frac{40km}{7s}=5.71\cdots$km/sで，約**5.7km/s**となるよ。同じようにS波では，12秒で40km進んでいるから，$\frac{40km}{12s}=3.33\cdots$km/sで，約**3.3km/s**となるんだ。

緊急地震速報

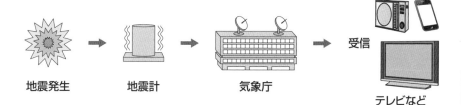

地震発生　　　地震計　　　気象庁　　　受信　　テレビなど

東日本大震災以降，入試では緊急地震速報に関する問題も出題されているよ。緊急地震速報は，震源から近い観測地点での地震波の観測をもとに，各地でのS波の到着時刻や震度を気象庁で予測し，発表される予測情報だよ。

ある場所で発生した地震を，地点 A，B，C で観測した。

表は，この地震について，各地点の震源からの距離と，初期微動が始まった時刻をまとめたものである。なお，地点 B で主要動が始まった時刻は，14 時 25 分 38 秒であった。

ただし，この地震は地下のごく浅い場所で発生し，地点 A，B，C は同じ水平面上にあるものとする。また，発生する P 波，S 波はそれぞれ一定の速さで伝わるものとする。

	地点A	地点B	地点C
震源からの距離	60km	90km	180km
初期微動が始まった時刻	14時25分24秒	14時25分29秒	14時25分44秒

(1) この地震の P 波の伝わる速さは何 km/s か，求めなさい。

(2) この地震の S 波が地点 A に到着した時刻はいつか，求めなさい。

〈愛知県〉

解 説

(1) 初期微動が始まった時刻 ＝ P 波の到着時刻だから，地点 A と地点 B の P 波の到着時刻の差が 5 秒。また，震源からの距離の差が 30km。よって，$\dfrac{30\mathrm{km}}{5\mathrm{s}} =$ 6km/s となる。

(2) 地点 B では，P 波到着が 25 分 29 秒で S 波到着が 25 分 38 秒だから，初期微動継続時間は 9 秒。初期微動継続時間は震源からの距離に比例するので，地点 A での初期微動継続時間を X 秒とすると，60km : 90km ＝ X s : 9s より，$X =$ 6s。よって，地点 A では P 波の到着時刻の 6 秒後に S 波が到着したと考える。

解 答 (1) **6.0 km/s** (2) **14 時 25 分 30 秒**

> **問 題** 次のア〜エは，2001 年から 2010 年の間に日本列島付近で起こったマグニチュード 4.5 以上の地震の震央の分布を，震源の深さ 0 〜 100km，100 〜 200km，200 〜 300km，300 〜 400km に分けて示したものです。ア〜エを震源の深さの浅い順に並べかえなさい。ただし，震央は ● で表しています。

ア   イ   ウ   エ

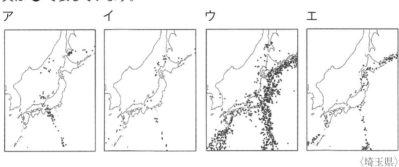

〈埼玉県〉

> **解 説**
> 太平洋側では震源が浅く，大陸側(日本海側)にいくほど震源が深くなっていることから考える。

> **解 答** ウ→エ→イ→ア

⑭ 地　　層

▖▖ イントロダクション ▗▗

◆ **地層のでき方** ➡ 流水のはたらきや堆積物の大きさと堆積する場所を覚えよう。

◆ **堆積岩** ➡ 6種類の堆積岩の名称や特徴を図と合わせて確認しよう。

◆ **化石** ➡ 代表的な示準化石と示相化石は全部覚えておこう。特にアンモナイト，サンゴは頻出。ビカリアも意外と出題されることが多いよ。

◆ **地層の読み取り** ➡ 入試で頻出の内容。問題で確認しよう。

地層のでき方

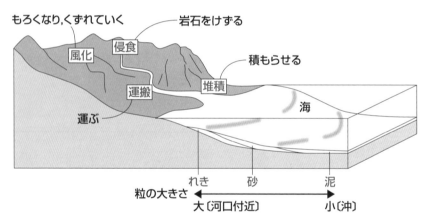

温度変化や水のはたらきによって，岩石が表面からもろくなっていくことを**風化**という。風化した岩石や流水によってけずられた岩石は，河川によって運ばれ，流れの遅い河口付近で積もっていく。この「けずる」「運ぶ」「積もらせる」というはたらきをそれぞれ，**侵食，運搬，堆積**というよ。堆積する土砂は，**粒の大きいものは河口付近に堆積し，粒が小さいものほど沖に堆積**していくんだ。だから，河口に近いほうから順に**れき→砂→泥**となっていくんだよ。このように堆積したものが，押し固められて岩石になり，しま模様のようになっているのが地層なんだ。

また，一般に，地殻の変動がなければ下から上に堆積していくので，**地層は下のほうほど古い**んだ。

堆積岩

　堆積物が押し固められて岩石になったものを**堆積岩**といって，粒の大きさや成分によって主に6種類に分類されているよ。特徴と合わせて全部しっかり覚えておこう。

　粒の大きさで分類したものが，大きい順に**れき岩，砂岩，泥岩**。粒の大きさは，れき岩は2mm以上，砂岩は0.06mm ～ 2mm，泥岩は0.06mm以下だ。これらの堆積岩は，流水のはたらきによって角がとれて，粒が丸みを帯びているのが特徴なんだ。

　成分によって分類したものが，**石灰岩，チャート，凝灰岩**。石灰岩とチャートは**生物の遺骸**などが堆積してできた岩石なんだけど，主成分が違うんだ。石灰岩は**炭酸カルシウム**が主成分で，**塩酸をかけると二酸化炭素が発生**するんだ。チャートは二酸化ケイ素が主成分で，**塩酸をかけても二酸化炭素は発生しない**んだよ。だから，石灰岩とチャートは**塩酸をかけて二酸化炭素が発生するかどうかで見分ける**ことができるんだよ。また，チャートは釘でも傷がつかないくらい**非常に硬い岩石**なんだよ。

　凝灰岩は，**火山灰や軽石などの火山噴出物が堆積してできた岩石**で，**粒が角ばっている**のが特徴だ。

堆積岩	粒の大きさで分類			成分によって分類		
	れき岩	砂岩	泥岩	石灰岩	チャート	凝灰岩
表面						
特徴	粒の大きさ 2mm以上	粒の大きさ 0.06～2mm	粒の大きさ 0.06mm以下	生物の遺骸などが堆積		火山灰や軽石などの火山噴出物が堆積
	流水のはたらきなどによって 粒が丸みを帯びている			炭酸カルシウムが含まれている ➡塩酸をかけると二酸化炭素が発生する	・二酸化ケイ素が含まれている ➡塩酸をかけても，二酸化炭素は発生しない ・非常に硬い	粒が角ばっている

化　石

●主な示準化石

古生代		中生代		新生代	
				新第三紀	第四紀
サンヨウチュウ	フズリナ	アンモナイト	恐竜	ビカリア	ナウマンゾウ

●主な示相化石

サンゴ	アサリ	シジミ	ブナ
あたたかく きれいな浅い海	浅い海	湖や河口	温帯のやや寒冷な 地域

化石は，生物の遺骸や生活の跡が押し固められて残ったものだ。

化石には，**示準化石**と**示相化石**があるんだ。

示準化石で有名なのは**アンモナイト**。アンモナイトは大昔に繁栄したんだけど，恐竜とともに絶滅してしまったんだ。地層からアンモナイトの化石が見つかると，その地層はアンモナイトが生息していた時代に堆積したことがわかるよね。このように，**地層が堆積した年代**がわかるのが示準化石だ。ここでいう「年代」は，地層の重なりと生物の進化にもとづいた年代のことで，**地質年代**というんだ。示準化石の特徴は「**広範囲に生息し，限られた年代に繁栄し絶滅した**」ことだ。「限られた年代」の部分は，「**短い期間**」といわれることもあるよ。

示相化石で有名なのは**サンゴ**。サンゴといわれると南国の海を想像するけれど，サンゴはあたたかい地域の海に生息しているんだ。だから，サンゴの化石が見つかれば，その地層は「**あたたかくきれいな浅い海**」だったことがわかるよね。このように**堆積した環境がわかる**化石が示相化石なんだ。

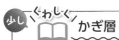

かぎ層

地層の年代を比較して特定する手がかりになる層を**かぎ層**という。化石や凝灰岩（火山灰や軽石など）が含まれている層のことだ。

大地の変化

地層を観察すると，地層のずれや曲がりなど，さまざまな大地の変化を確認することができるんだ。大地の変化には，**断層やしゅう曲，隆起，沈降**などがあるんだ。**断層は，地層に強い力がはたらいてできた「ずれ」**で，正断層，逆断層などがあるんだ。正断層は，地層に引っ張る力が加わってできるずれ，逆断層は，圧縮する力が加わってできたずれのことをいうから，図を見て確認しよう。

しゅう曲は地層が曲がったもので，これも地層に強い力がはたらいてできるんだよ。

また，地層が**上昇すること**を隆起，**下降すること**を沈降と呼んでいるから覚えておこう。地上で地層を見ることができるのは，土地が隆起したり，海水面が下がったりして，陸地に現れてきたからなんだ。

【断層】

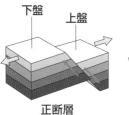

正断層　　　逆断層

【しゅう曲のでき方】

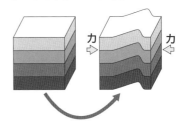

断層の上盤と下盤

断層の上盤と下盤は，断層面に対して上にあるか，下にあるかで決まっているんだよ。上にずれたのが上盤，下にずれたのが下盤ということではないんだ。

地層の読み取り

地層の読み取りで大切なことを学んでいこう。地層の読み取りは，よく出題されるから重要だよ。

【海面の変化と地層】

ここでは，海面の上昇や下降によって，堆積するものがどのように変化するかを学んでいこう。

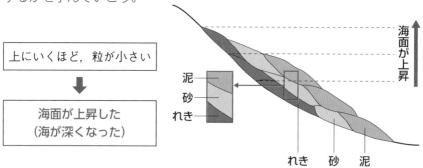

上の図は，海面が上昇したときのものだよ。

海面が上昇すると，もともとの堆積物の上に粒の**小さいものが堆積**していくのがわかるよね。だから，海面が上昇したときは，地層が下から順に**れき→砂→泥**となっていくんだ。「海面上昇＝**海が深くなっている**」と言い換えることができるから，問題によっては読み換えてね。

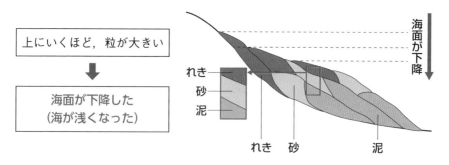

海面が下降したときは，もともとの堆積物の上に粒の**大きいものが堆積**していくよね。だから，海面が下降したときは，下から順に**泥→砂→れき**となっているんだよ。

問　題　図1は，ボーリング調査を行ったある地域の地形を模式的に表したものであり，図2は，図1のA～C地点におけるボーリングで得られた試料をもとに作成した柱状図である。なお，図1の曲線は等高線を，数値は標高を示しており，　線は，すべて等間隔である。また，この地域の地層は，各層とも平行に重なっており，断層やしゅう曲はないものとする。

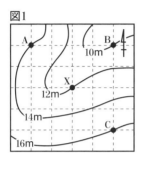

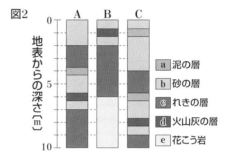

[問1]　図1，図2から，この地域の地層は，ある方位に傾いていることがわかる。地層が下に傾いている方位を8方位で書きなさい。

[問2]　図1のX地点の地層の重なりを推定することにした。この場所では，地表から深さ10mまでの地層の重なりはどのようになっていると考えられるか，図2に示した地層を表す記号を用いて，柱状図をかきなさい。

〈徳島県・改〉

解　説

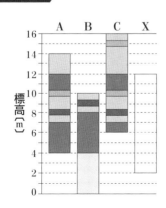

　このような問題のポイントは**標高に合わせて考えること**。図2の柱状図を標高に合わせてかき直すと左の図のようになるよね。かき直したら，**火山灰の層に注目しよう**。

火山灰の層に注目すると何がわかるんですか？

　火山灰の層をAとBで比べると，Bのほうが高くなっているね。AとBは東西方向に並んでいて，BはAより東に位置しているから，**東にいくほど地層は高くなっている**ことがわかるんだよ。

　BとCで比べると，Bのほうが高いよね。BとCは南北方向に並んでいて，BはCより北に位置しているから，**北にいくほど高くなっている**といえるんだ。

　また，AとCで比較すると同じ高さにあるよね。つまり，**北西―南東の方向には傾いていない**と考えてもいいよ。

　総合して考えると，この地域の地層は，北東にいくほど高くなっていて，**南西にいくほど低くなっているように傾いている**んだ。

　そして，[問2]のXの地層はAとCの中間にあるから，AとCの火山灰の層の標高に合わせてかけば図のような柱状図になるんだ。

解　答▶[問1]　南西　　　[問2]

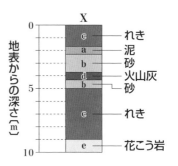

地表からの深さ〔m〕

X	
ⓒ	れき
ⓐ	泥
ⓑ	砂
ⓓ	火山灰
ⓑ	砂
ⓒ	れき
ⓔ	花こう岩

15 気　象

■■■ イントロダクション ■■■

◆ 天気図 ➡ 天気図記号をかけるようにしよう。矢羽根の向きは正確に。

◆ 高気圧と低気圧 ➡ 地表付近と上空での風向をおさえておこう。

天気図

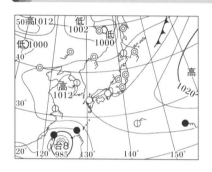

　新聞の天気予報欄を見ると図のようなものが載っているよね。これは**天気図**といって，いろいろな気象情報を表しているんだ。

　気象情報には，**天気**や**気温**，**湿度**，**気圧**，**風向**，**風力**などさまざまなものがあるんだ。ここでは，**天気図記号**に関係する天気，風向，風力について学習していくよ。

　天気は，まず雨や雪が降っているか確認する。降っていれば「雨」や「雪」となる。降っていない場合は，**雲量**（空全体を10としたときの雲の割合）で判断するんだ。雲量が**0 〜 1は快晴**，**2 〜 8が晴れ**，**9 〜 10がくもり**となるよ。天気記号は次ページの図にある5種類を覚えておこう。

　風向は**風が吹いてくる方位**を表すんだ。吹いていく方位ではないから気をつけよう。南の風は南から吹いてくるからあたたかいし，北風は北から吹いてくるから冷たいと覚えておけば大丈夫だね。そして，方位は**16方位**で表すよ。

　　8方位はわかるんですけど，16方位になると少し不安です。どうやって覚えればいいですか？

　8方位がわかっていれば簡単だよ。北東，北西，南東，南西の前に東西南北がついて表されているのが16方位なんだ。例えば，北北西であれば，「北」北西ということ。「北」は北寄りという意味で，北寄りの北西が北北

西なんだ。同じように考えれば，西南西は，「西」南西だから，西寄りの南西となるよ。

　風力は風速をもとに0 ～ 12の13段階に分けられていて，その数を矢羽根の数で表すんだ。**風力1の矢羽根をかくときは矢の先端にかかない**ように注意しよう。そして，矢の先端は長くなるよ。また，矢羽根の向きは風力1 ～ 6のときは天気記号を下にして見たときに右側になるから覚えておこう。

天気記号

天気	快晴	晴れ	くもり	雨	雪
記号	○	◐	◎	●	⊗

風力の記号

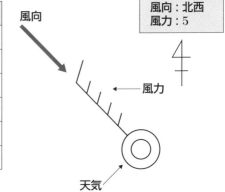

風力	記号	風力	記号
0		7	
1		8	
2		9	
3		10	
4		11	
5		12	
6			

風向

風力

天気

天気：くもり
風向：北西
風力：5

少し くわしく 📖 雲量

　雲量は0 ～ 10（0，0⁺，1 ～ 9，10⁻，10）の13段階で表すんだ。だから，雲量が1.5という表し方はないんだよ。ちなみに，0⁺は1には満たないが雲が少しあるとき，10⁻は10には満たないがほとんど雲で覆われているときに使うんだ。

圧　力

右の図のように鉛筆を両手で押すと，右手のほうが痛いよね。これは，右手と左手にはたらく**圧力**が違うからなんだ。**$1m^2$あたりに垂直にはたらく力の大きさ**を圧力というんだ。圧力の単位は**Pa（パスカル）**や**N/m^2（ニュートン毎平方メートル）**だよ。

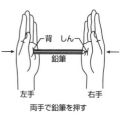

両手で鉛筆を押す

【圧力の求め方】

$$圧力〔Pa〕＝\frac{面を垂直に押す力〔N〕}{力がはたらく面積〔m^2〕}$$

圧力は上の式で求めることができるんだ。面にはたらく力の大きさが等しければ，圧力は**面積に反比例**するんだ。また，力がはたらく面積が等しいときは，**力の大きさ（質量）に比例**するんだよ。

【圧力の計算】

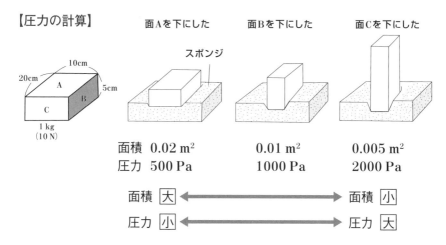

上の図のような質量1kgの直方体のレンガをA～Cの面を下にしてスポンジに置いたとき，質量100gの物体にはたらく重力を1Nとしてスポンジにはたらく圧力を求めてみよう。

圧力の計算では面積の単位は m^2 を使うから，単位に気をつけながら，A～Cの面積を求めると

A：$0.2m×0.1m＝0.02m^2$

B : 0.2m×0.05m＝0.01m²

C : 0.1m×0.05m＝0.005m²

となるよね。そして，1kg＝1000gだから，このレンガにはたらく重力は10Nとなるよね。圧力を求める式にあてはめて計算すると

A : $\dfrac{10N}{0.02m^2}$＝500Pa，B : $\dfrac{10N}{0.01m^2}$＝1000Pa，C : $\dfrac{10N}{0.005m^2}$＝2000Pa

となるよ。

圧力の大小だけを答える問題では，計算せずに確認できるよ。

圧力は，**物体の質量に比例**し，**面積に反比例**するんだ。

気　圧

　空気にも重さがあって，その空気の重さによる圧力を**大気圧**というよ（**気圧**ともいう）。海面での気圧は約**1013hPa（ヘクトパスカル）**なんだよ。h（ヘクト）は100倍という意味があるから，1hPa＝100Paだよ。大気圧は，標高によって変化し，山の上にいくと小さくなるんだ。大気圧はあらゆる方向にはたらいているんだよ。

　この大気圧のはたらきによる現象をいくつか紹介しよう。

　登山のときに密閉された菓子袋を持って山頂へいくと，菓子袋がふくらむんだ。これは，菓子袋の中の圧力より山頂での気圧が低くなるので，袋の中から菓子袋が押されるからだよ。

　ほかにも，ストローでジュースを飲むことができるのも気圧が関係しているんだ。ストローで空気を吸うと，大気圧よりストロー内の圧力が小さくなり，液面が押されてジュースがストロー内を上がっていくことで，飲めるようになるんだ。

　また，吸盤がくっついて離れないのも気圧が関係しているんだよ。

山頂でふくらむ菓子袋

山頂では，大気圧より，袋の中の気体の圧力のほうが大きくなる

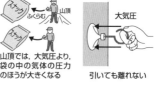

吸いつく吸盤

引いても離れない

板が折れる

板をすばやくたたくと，板が折れる

こぼれない水

水はこぼれない

ストローでジュースを飲む

ストロー内の圧力が小さくなり，液が吸い上げられる

高気圧と低気圧

　斜面の高いところにボールを置くと低いほうへ転がっていくように，大気も気圧の高いところから低いところへ移動するんだ。この**大気の流れを風**と呼んでいるんだよ。周囲より気圧が高いところが**高気圧**，低いところが**低気圧**だ。

　地上付近では，風は高気圧**から吹き出し**，低気圧**に吹き込んで**いく。低気圧に吹き込んだ大気は**上昇気流**となり，その大気が**下降気流**となって高気圧のところで吹き降りるんだ。

　地表付近での風向を見ると，カーブを描くようになっているよね。これは，地球の自転の影響によって，北半球では右にそれるように風が吹くからなんだ。**アルファベットのS字のような形**になっているというように覚えておくといいよ。

　一般に高気圧に覆われると天気がよくなり，低気圧が近づいてくると天気が崩れやすくなるんだ。

【北半球での風の傾き】

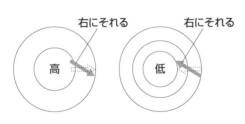

テーマ⑮　気　象　99

さまざまな大気の動き

ここではさまざまな大気の動きについて学習していくよ。

【地球規模での大気の動き】

地球規模での大気の動きを見ると，日本列島付近の中緯度帯（緯度30°～60°）では，**西から東へ偏西風**が吹いているよ。

この**偏西風の影響で，天気も西から東へと変化**していくんだ。

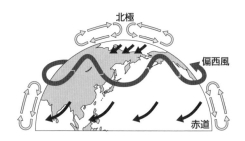

【海陸風】

昼間に**海から**陸に向かって吹く風を**海風**，夜間に**陸から**海に向かって吹く風を**陸風**というんだ。これらをまとめて**海陸風**というよ。

どうして，昼間と夜間とで風向が違うんですか？

その原因は陸地と海水のあたたまりやすさの違いにあるんだ。一般に**陸地は海水と比較するとあたたまりやすく，冷えやすい**。反対に**海水は陸地よりあたたまりにくく，冷めにくい**という性質があるんだ。

昼間は，あたためられた陸地では上昇気流が発生し，気圧が低くなる。そうすると，気圧の高い海から気圧の低い陸地へと風が吹くんだ。夜間はその反対で，陸地から海へと風が吹くんだ。

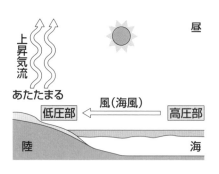

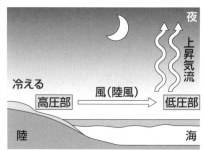

【季節風】

　海陸風と同じく，大陸と海のあたたまりやすさの違いで，季節によって特徴的な風が吹く。これを**季節風**というよ。

　夏は，あたたまりやすい大陸では，上昇気流が生じて気圧が下がるんだ。反対に大陸よりもあたたまりにくい海では，下降気流が生じて気圧が上がるんだ。だから，**気圧の高い海から気圧の低い大陸に向かって南東**の季節風が吹くよ。

　一方，冬は，冷えやすい大陸では，下降気流が生じて気圧が上がり，大陸より冷えにくい海では上昇気流が生じ，気圧が下がるんだ。だから，**気圧の高い大陸から気圧の低い海に向かって北西**の季節風が吹くんだ。

■■ **イントロダクション** ■■

◆ 乾湿計と湿度の測定 ➡ しっかり読み取れるようにしよう。

◆ 空気中の水蒸気 ➡ 水蒸気が凝結するしくみを理解しよう。

◆ 露点の測定 ➡ 湿度の計算は出題されやすいよ。

乾湿計と湿度の測定

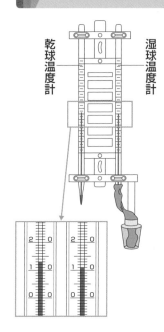

乾球の示度〔℃〕	乾球と湿球の示度の差〔℃〕						
	0.0	0.5	1.0	1.5	2.0	2.5	3.0
15	100	94	89	84	78	73	68
14	100	94	89	83	78	72	67
13	100	94	88	82	77	71	66
12	100	94	88	82	76	70	65
11	100	94	87	81	75	69	63
10	100	93	87	80	74	68	62
9	100	93	86	80	73	67	60

差が0℃のときは
湿度が100%

示度の差が大きくなると
湿度が低くなる

　乾湿計と**湿度表**を使って湿度を求める方法を確認していこう。乾湿計には2つの温度計があって，片方を**乾球温度計**，もう一方を**湿球温度計**というよ。乾球温度計はふつうの温度計だ。湿球温度計は球部（測定する部分）を水で湿らした布で覆っているんだ。そうすると，水が蒸発するときに熱が奪われて乾球より示度が低くなるんだよ。乾球と湿球の温度差から湿度を求めるんだ。

　では，乾球と湿球の温度を読み取って，湿度を求めてみよう。まず，図

の乾湿計の示度は何度になっているかな。

乾球温度計が13℃で，湿球温度計が11℃になっています。

そうだね。読み取ったら，示度の差を求めるんだ。示度の差は13℃－11℃＝2℃となるね。そして，乾球の示度の13℃，示度の差の2℃を湿度表に当てはめて，湿度を読み取るんだよ。乾球の示度の13℃と示度の差2℃とが交わったところを見てみると77になっているよね。だから，この空気の湿度は77%とわかるんだよ。ちなみに，このときの**乾球温度計の示度は気温**なんだ。だから，気温は13℃だよ。

湿度表を見ると，湿度が低いと(空気が乾燥していると)水がたくさん蒸発して，湿球の温度が下がるから，示度の差が大きくなることがわかるよね。また，示度の差が0℃(乾球温度計と湿球温度計の示度が同じとき)は，100%になっているよね。これは，水が蒸発できないからなんだよ。

空気中の水蒸気

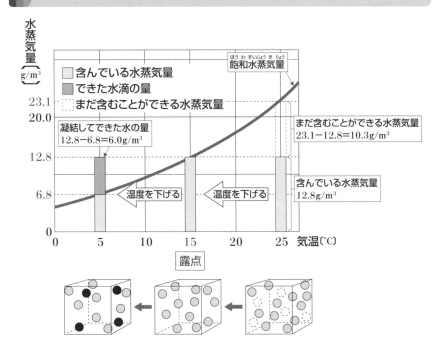

冷えたペットボトルをしばらく置いておくと，ペットボトルのまわりに水滴ができるよね。あの水滴は空気に含まれていた水蒸気が空気中に現れてきたものなんだよ。ここでは，その原理を学習していこう。

　目には見えないけれど，空気には水蒸気が含まれている。空気に含むことのできる水蒸気量には限界があって，その限界の量のことを**飽和水蒸気量**というんだ。飽和水蒸気量は空気1m³中に含むことのできる水蒸気の質量で表すんだ(単位はg/m³)。
　飽和水蒸気量は**気温が高くなると大きくなり，気温が低くなると小さくなる**。つまり，**気温が高ければ水蒸気をたくさん含むことができる**んだ。

　前ページの図のグラフの曲線は飽和水蒸気量を表しているよ。ここからは，空気1m³中における水蒸気の質量で説明するよ。
　今，気温25℃の空気中に12.8gの水蒸気が含まれているとしよう。25℃の飽和水蒸気量(限界の量)をグラフから読み取ると23.1g。だから，25℃の空気1m³中にまだ含むことができる水蒸気量は23.1g−12.8g＝10.3gとなるんだ。
　次に，この空気を冷やして温度を15℃まで下げていく。そうすると飽和水蒸気量が12.8g/m³まで小さくなって，**空気中に含んでいる水蒸気量＝飽和水蒸気量**となるよね。このときの温度のことを**露点**というんだ(この場合の露点は15℃)。このときの湿度は100％。
　そして，さらに空気を冷やして，5℃まで下げると飽和水蒸気量はさらに小さくなって6.8g/m³になる。空気1m³中に6.8gまでしか含むことができないから，12.8g−6.8g＝6.0gは，空気中に含むことができなくなって，水滴となって空気中に出てくるんだ。これが，冷えたペットボトルの表面に現れた水滴の正体なんだ。このように，水蒸気(気体)が水滴(液体)になることを**凝結**というんだよ。

露点の測定と湿度の計算

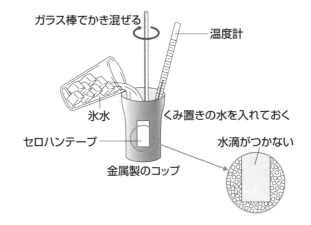

ガラス棒でかき混ぜる
温度計
氷水
くみ置きの水を入れておく
セロハンテープ
水滴がつかない
金属製のコップ

金属製のコップにくみ置きの水を入れておき，氷水を少しずつ入れながら，ガラス棒でかき混ぜて温度を下げていくと，コップの表面がくもっていく。これは，空気中に含まれていた水蒸気が凝結して水滴になったからなんだよ。

このとき，コップの**表面がくもり始めたときの水温**がこの空気の**露点**だよ。

この実験のポイントはありますか？

まずは，くみ置きの水を入れる理由。これは，**水温と気温（室温）を同じにするため**なんだ。2つ目は，金属製のコップを使う理由。金属には熱が伝わりやすいという性質があるよね。だから，**水温とコップの表面温度を同じにするため**なんだ。そして，3つ目は，セロハンテープを貼る理由だ。これは，セロハンテープを貼ったところはくもりにくくなるので，**コップの表面がくもり始めたことを確認しやすくするため**なんだよ。

理科では，「実験装置がなぜそうなっているのか」「実験手順がなぜそのようになっているのか」を問われることがあるので，理由と合わせてしっかり覚えておこう。

露点がわかると何がわかるんですか？

露点がわかると，その空気 1 m³中に含まれている水蒸気量がわかるんだよ。そうすると，**湿度**を計算で求めることができるんだ。湿度は次の式で求められるんだ。

$$湿度〔％〕 = \frac{1m^3の空気に含まれる水蒸気量〔g/m^3〕}{その気温での飽和水蒸気量〔g/m^3〕} \times 100$$

つまり，湿度は，**気温と露点がわかれば求めることができる**んだ。では，問題で練習をしよう。

問　題

【実験】

① 気温 25℃の部屋で，金属製のコップに水を入れ，しばらくして水の温度を測定すると気温と同じ 25℃であった。

② 図のように，太めの試験管にくだいた氷を入れて，コップの中の水の温度が均一になるようにかき混ぜながら少しずつ冷やし，水温を下げていった。

③ 水温が 10℃になったときに，コップの表面がくもり始めた。

図

表

気温〔℃〕	飽和水蒸気量〔g/m³〕
10	9.4
15	12.8
20	17.3
25	23.1
30	30.4

(1) 表は，それぞれの気温に対する飽和水蒸気量を示している。【実験】の結果から，この部屋の空気 1m³ 中に含まれる水蒸気量は何 g であったと考えられるか。

(2) 【実験】の結果から，この部屋の湿度は何％であると考えられるか。小数第一位を四捨五入し，整数で書きなさい。

〈佐賀県・改〉

解　説

露点の空気では，**空気中に含まれている水蒸気量＝飽和水蒸気量**だから，空気 1m³ 中に含まれる水蒸気量は，露点の飽和水蒸気量を見ればいい。つまり，**露点がわかれば，空気 1 m³ 中に含まれる水蒸気量がわかる**んだ。この問題では，「10℃

になったときに，コップの表面がくもり始めた」ので，露点が 10℃ とわかるよね。
10℃ のときの飽和水蒸気量は表から読み取って，9.4 g/m³。だから，空気 1m³
中に含まれる水蒸気量は，9.4 g となる。

　次は，湿度を求めていこう。気温 25℃ だから，飽和水蒸気量は，23.1 g/m³
だよね。そして，1m³ の空気中に含まれる水蒸気量は，(1) から 9.4 g/m³ だから，
あとは式に当てはめればいいんだ。

$\dfrac{9.4}{23.1} \times 100 = 40.6$ ……だから，小数第一位を四捨五入して，約 41% となる
んだ。

解　答　(1) **9.4g**　　(2)　**41%**

【飽和水蒸気量のまとめ】

ポイント整理

飽和水蒸気量

　空気に含むことができる水蒸気量（単位 g/m³）。
　気温が高くなると大きくなり，低くなると小さくなる。**気温
がわかれば，飽和水蒸気量がわかる。**

露点

　温度を下げていき，**空気中の水蒸気量＝飽和水蒸気量となっ
たときの温度**のこと。**水蒸気が凝結し始めたときの温度。**
　露点がわかると，その空気に含まれている水蒸気量がわかる。
露点の飽和水蒸気量が，その空気に含まれている水蒸気量。

湿度の求め方

$$湿度〔\%〕 = \dfrac{1m^3の空気に含まれる水蒸気量〔g/m^3〕}{その気温での飽和水蒸気量〔g/m^3〕} \times 100$$

⑰ 雲のでき方

▮▮ イントロダクション ▮▮

◆ 雲のでき方 ➡ 雲ができる原理を覚えておこう。

◆ 雲をつくる実験 ➡ ピストンをすばやく引いたときに雲ができるよ。

雲のでき方

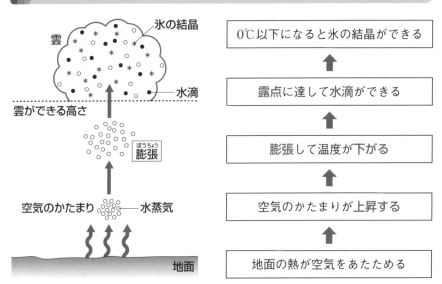

雲は何でできているか知っているかな。雲は，**小さな水滴や氷の粒**が集まって上空に浮かんでいるものなんだよ。

地表付近であたためられた空気が**上昇する**。上空は地表付近より気圧が**低くなる**ので，空気が**膨張**し，温度が**下がる**。それを繰り返して，どんどん温度が下がっていくとやがて**露点に達して**，空気中の**水蒸気が凝結して水滴ができる**んだよ。さらに，温度が下がって0℃以下になると，氷の結晶ができるんだ。これらが，上昇気流によって浮かんでいるんだよ。このように，**雲は空気が上昇するときにできやすい**んだ。

上昇気流で支えられないくらい水滴や氷の粒が成長していくと，地上に落下してくる。水滴がそのまま落ちてきたり，氷の結晶がとけて落ちてき

たりしたものが雨。とけずにそのまま落ちてきたものが雪だよ。

【上昇気流と雲】

●空気が山の斜面に沿って上昇する

●あたたかい空気が冷たい空気の上にはい上がる
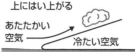

あたたかい空気
冷たい空気

●地表の一部が強くあたためられる

太陽の光

　地表の空気があたためられる以外にも，山の斜面に沿って上昇するときやあたたかい空気が冷たい空気の上をはい上がるときなどにも雲ができるよ。

雲をつくる実験

　右の図のようにぬるま湯を入れた丸底フラスコに線香の煙を入れて，ピストンを**すばやく引くと，フラスコ内がくもる**んだ。すばやく引いたあと，ピストンを押すと，フラスコ内のくもりが消えるんだよ。

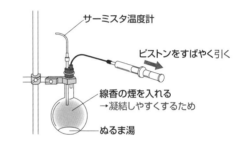

サーミスタ温度計

ピストンをすばやく引く

線香の煙を入れる
→凝結しやすくするため

ぬるま湯

線香の煙を入れたのはなぜですか？

　水蒸気が凝結して水滴になるときには，核となるものが必要なんだ。線香の煙を入れたのは，**水蒸気が凝結するときの核とするため（凝結しやすくするため）**なんだ。冬に息をはくと白くくもるのは，空気中のほこりやちりが核となって凝結しているんだよ。
　ちなみに，ぬるま湯を入れたのは，フラスコ内の水蒸気を多くして，くもりやすくするためなんだ。

ピストンをすばやく引く

フラスコ内の空気が膨張する

温度が下がる

フラスコ内がくもる

■■■ イントロダクション ■■■

◆ 前線と天気 ⇒ 寒冷前線と温暖前線の特徴を図と合わせておさえておこう。また，前線通過前後での天気の変化の問題は頻出！ 特に寒冷前線がよく出題されるよ。

◆ 気団と季節の天気 ⇒ 季節による気圧配置の特徴を図と合わせておさえよう。

前　線

　北半球では一般に南にいけば高温になり，北にいけば低温になるよね。また，海の上は海水が蒸発して多湿になりやすいよね。それに比べると，大陸側の空気は乾燥していることが多くなるんだ。このように同じような性質をもった空気の集まりを**気団**というんだ。

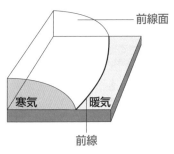

　左の図は，性質の異なる気団（寒気と暖気）がぶつかった様子を表しているよ。

　これらの気団は，混ざり合わずに，境界面ができるんだ。この境界面を**前線面**というんだ。そして，前線面が地表と交わった部分には線ができるよね。この線を**前線**と呼んでいるんだよ。

　前線は次の4種類あるよ。

　寒気と暖気の**勢力が同じとき**には，❸の**停滞前線**ができる。梅雨や秋の長雨は，この前線が日本付近に停滞しているのが原因なんだ。

❶温暖前線

❷寒冷前線

❸停滞前線

❹閉そく前線

　勢力バランスが崩れて**寒気のほうが暖気より勢力が強くなったとき**にできるのが❷の寒冷前線，反対に**暖気が寒気より強くなったとき**のものが❶の温暖前線だ。さらに，**寒冷前線が温暖前線に追いついてできたの**が❹の**閉そく前線**なんだ。図の赤矢印は前線の進行方向だよ。

前線と天気

日本付近にある低気圧は前線をともなうことがあるんだ。一般に低気圧の中心から**南西方向にのびているの**が寒冷前線で，**南東方向にのびているの**が温暖前線だよ。

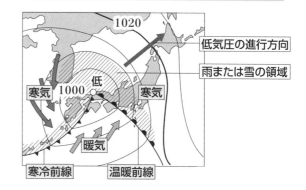

寒冷前線や温暖前線の付近では，雨を降らせる積乱雲や乱層雲ができるので雨が降りやすいんだよ。

では，それぞれの前線付近での様子を学習しておこう。

寒冷前線は，**寒気が暖気の下にもぐり込み，暖気を押し上げる**ようにして進んでいくんだ。そして，暖気は上に押し上げられて**上昇気流ができる**ため，積乱雲が発達する。温暖前線は，**暖気が寒気の上をはい上がるようにして上昇する**ため，乱層雲ができるんだ。

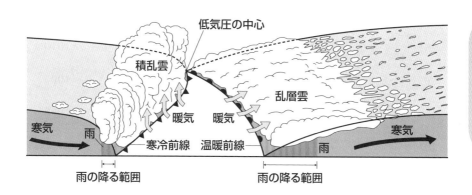

前線の通過前後での天気の変化を，天気図と合わせて，しっかりおさえておこう。

　寒冷前線では縦長の**積乱雲**が発達するため，通過するときには**狭い範囲**に**激しい雨**が**短時間**降るんだ。**寒気がやってくるので**，通過後は**急に気温が下がる**よ。風向は**南寄り**から**北寄り**に変わるんだ。

　温暖前線では**乱層雲**ができるので，温暖前線が近づいてくると**広い範囲**に**おだやかな雨**が**長時間**降り続くんだ。通過後は，**暖気に覆われるので気温が上がり**，天気が回復する。風向は**東寄り**から**南寄り**に変わるよ。

	寒冷前線	温暖前線
主な雲	積乱雲	乱層雲
雨の様子	短時間・激しい雨	長時間・おだやかな雨
雨の降る範囲	狭い	広い
通過後の気温	下がる	上がる
通過前後での風向の変化	南寄り→北寄り	東寄り→南寄り

　次のグラフは，気温，気圧，湿度と6時間おきの天気，風向，風力を表したものだよ。

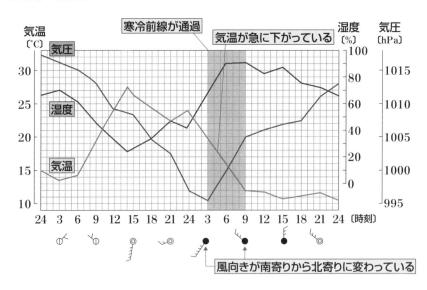

まず，晴れた日は気温の変化が大きく，一般に**午後2時頃**にもっとも高くなるといわれているんだ。そして，**気温が上がると湿度は下がり，気温が下がると湿度は上がる**んだ。つまり，**気温と湿度は逆の変化をする**んだ。

　雨の日は，**湿度が高く，気温の変化が小さい**のが特徴だよ。
　では，前線の通過に関して見ていこう。「観測点で寒冷前線が通過したと考えられるのは何時か」という問題がよく出題されるよ。寒冷前線が通過するときは，**気温が急に下がり，風向は南寄りから北寄りに変化する**んだ。グラフから，2日目の午前3時から午前9時にかけて，気温が急激に下がっているのがわかるよね。そして，風向も南寄りから北寄りに変化している。だから，この時間帯に寒冷前線が通過したと考えることができるんだよ。

気団と季節の天気

日本付近には，4つの気団があって，これらの発達する時期によって，特徴的な天気になりやすいんだ。4つの気団は，**シベリア気団**，**オホーツク海気団**，**小笠原気団**，**揚子江気団**だよ。

大陸側にある気団は**乾燥**していて，海側にある気団は，**湿っている**んだ。また，緯度が高い北のほうにある気団は**気温が低く**，緯度が低い南のほうにある気団は**気温が高い**のが特徴だよ。

【春・秋】

右の天気図は，春・秋にある特徴的な天気図だよ。揚子江気団の一部が高気圧となって，偏西風の影響で日本にやってくるんだ。この高気圧は**移動性高気圧**と呼ばれていて，高気圧と高気圧の間に低気圧が発生して，移動性高気圧と低気圧が交互に通過することで周期的に天気

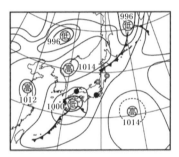

が移り変わるのが特徴なんだ。谷間にできた，低気圧をポイントにしておくと見分けやすくなるよ。

【梅雨】

初夏の頃に**オホーツク海気団と小笠原気団の勢力が同じくらいになって，その境界に停滞前線ができる。**この停滞前線が日本付近にとどまっているため，雨が降り続くんだ。このときの**停滞前線**を梅雨前線というよ。

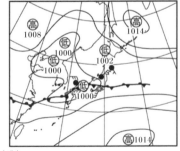

また，秋にも似たような天気になることがある。そのときの停滞前線は秋雨前線といわれるんだよ。東西に

のびた停滞前線が特徴の天気図だから見分けやすいよ。

【夏】

　梅雨のときより小笠原気団の勢力が強まると，**日本列島は高気圧に覆われ**，梅雨明けして夏がやってくるよ。**南高北低**といわれる気圧配置になるんだ。これは，**南に高気圧，北に低気圧がある気圧配置**だよ。南東の季節風が吹くから，蒸し暑く晴れた日が多くなりやすいんだ。

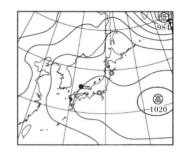

【冬】

　西高東低の気圧配置になるよ。これは，シベリア気団が発達し，**大陸側に高気圧，海洋側に低気圧がある気圧配置**のこと。天気図では**等圧線が南北に狭い間隔で並んでいる**のが特徴だよ。北西の季節風が吹くので日本海側では雪が降り，山を越えて乾燥した風が太平洋側に吹きつけるんだ。

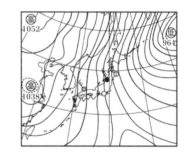

【台風】

　台風は，熱帯低気圧が発達して中心付近の最大風速が**およそ17m/s以上**になったものだよ。**等圧線はほぼ同心円状になり，前線をともなわない**ことが特徴なんだ。

問 題 下の図のア〜エは，冬，春，つゆ（梅雨），夏のそれぞれの時期のある日の天気図であり，いずれの日もそれぞれの時期における天気の特徴が表れているものであった。冬の天気図を起点として季節の移り変わりの順になるように並べかえ，記号で答えなさい。

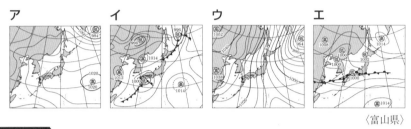

〈富山県〉

解 説

季節の気圧配置の特徴を図と合わせて覚えておくことが大切だよ。

|冬|：大陸側に高気圧，太平洋側に低気圧がある**西高東低**の気圧配置。

|春・秋|：**移動性高気圧**と**低気圧**が交互に通過する。

|梅雨・秋雨|：**停滞前線**ができて，雨やくもりの日が多くなる。

|夏|：南側に高気圧，北側に低気圧がある**南高北低**の気圧配置。

解 答 ウ→イ→エ→ア

問 題 図は，ある年の11月10日の6時における天気図である。図の前線を横切るA－Bの断面の様子を表した模式図として，もっとも適切なものを，次のア〜エの中から1つ選び，記号で答えなさい。

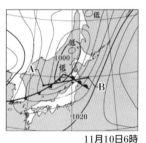

11月10日6時

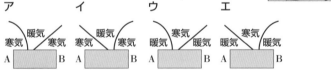

〈静岡県〉

解 説

寒冷前線では，寒気が暖気の下にもぐり込み暖気を急にもち上げる。温暖前線では，暖気が寒気の上をはい上がるようにして上昇していく。

解 答 ア

問 題 下の図は，新潟市における平成26年4月9日から4月10日までの2日間の気象観測の結果をまとめたものである。この図をもとにして，下の問1，2に答えなさい。

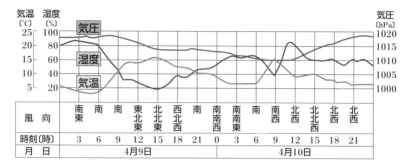

問1 新潟市を寒冷前線が通過している時間帯として，もっとも適当なものを，次のア～エから1つ選び，その記号を書きなさい。

ア 4月9日 6時から9時 　　イ 4月9日 15時から18時
ウ 4月10日 3時から6時 　　エ 4月10日 9時から12時

問2 日本の春と秋は，同じ天気が長く続かず，晴れとくもりや雨の天気が周期的に変化する。その理由を，「移動性高気圧」という用語を用いて書きなさい。

〈新潟県〉

解 説

問1 寒冷前線通過のときは，気温が急激に下がり，風向が南寄りから北寄りに変化することから，4月10日の9時から12時と考えられる。

問2 春・秋の天気の変化に影響をおよぼす「移動性高気圧」と「低気圧」の動きに着目して答えればよい。

解 答 問1 エ
　　　　 問2 移動性高気圧と低気圧が，交互に日本を通過していくから。

⑲ 日周運動・年周運動

┣┣╋ イントロダクション ╋┣┫

◆ 地球の自転と日周運動 ➡ 日周運動は地球の自転による見かけの動き。星の日周運動では，東西南北での星の動きをおさえよう。時刻と方位の判断も重要だよ。

◆ 地球の公転と年周運動 ➡ 年周運動は地球の公転による見かけの動き。地軸の傾きから季節を判断できるように。また，季節の代表的な星座もおさえておこう。

地球の自転と日周運動

【地球の1日の動き】

　地球は，地軸を中心に北極側から見て反時計まわりに，方位でいうと西から東へ一定の速さで1日に1回転しているんだ。このことを地球の自転と呼んでいるよ。1日1回転ということは，24時間で360°動いているということだから，1時間で15°の速さで動いていることになるね。

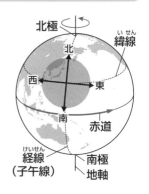

【太陽の1日の動き】

　地球は西から東に自転しているよね。この地球の自転により，実際は動いていない太陽や星は，**自転の向きと反対**の東から西に一定の速さで動いているように見えるんだ。太陽が毎朝，東の空から昇り，昼頃には南の空を通って，夕方には西の空に沈んでいくのはそのためなんだよ。

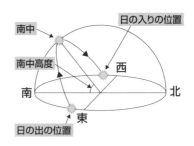

　太陽の1日の動きを観測すると，**真南にきたときがもっとも高い位置にある**んだ。天体が真南の方位にくることを南中といって，そのときの高度（角度）を南中高度というよ。

【太陽の動きの観察】

図は，日本のある地点で透明半球を使って太陽の1日の動きを調べたときのもので，午前9時から1時間おきに，太陽の位置をサインペンで記録して，その印をなめらかに結び，透明半球のふちまでのばして，曲線

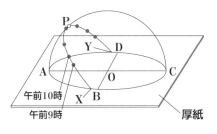

XYをかいたものだ。そして，点Pは太陽が南中したときの位置を示している。

何をおさえておけばいいですか？

まずは，A～Dがどの方位なのかを判断できるようにしよう。**太陽は南の空を通るから曲線は南のほうに傾いている**んだよ。だから，Aが**南**なんだ。そして，反対のCが**北**。そうすると，Bが**東**，Dが**西**ということになるよね。方位がわかれば，Xが**日の出**の位置，Yが**日の入り**の位置ということもわかるんだ。

次は南中高度を確認しよう。南中高度は，南中したときの太陽と観測者，観測者と真南を結んでできる角だから，**∠POA**が南中高度になるよ。

そして，時刻の計算も出題されることがあるからおさえておこう。

透明半球上の太陽の位置を紙テープに写し取ったときに，下の図のようになった。このときの日の出，南中，日の入りの時刻は何時何分になるかを考えていこう。

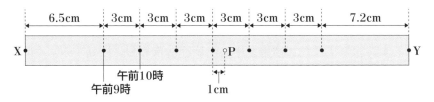

太陽の動く速さは一定だから，1時間（60分）で3cm動いていることになるね。6.5cm動くのにかかる時間をx分とすると，60分：3cm＝x分：6.5cmとなるから，x＝130分。だから，6.5cmで130分になるんだ。すると，日の出は午前9時から130分前（＝2時間10分前）となるから，午前6時50分とわかるんだ。

南中時刻や日の入りの時刻も同じように考えればいいんだ。1cmで20分だから，南中時刻は12時20分。7.2cmで144分だから，日の入りの時刻は午後5時24分となるんだ。

　そのほかに，太陽の位置の記録のしかたを問われることもあるよ。記録をするときは**サインペンの先端の影が円の中心にくるようにする**んだ。ちなみに，**円の中心Oは観測者の位置**を表しているんだよ。

【星の1日の動き】

　星座をつくる星も，太陽と同じく**地球の自転によって1時間に15°の速さで動いている**ように見えるんだ。これを**星の日周運動**というよ。

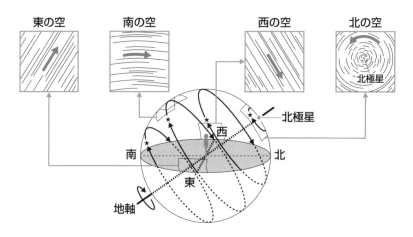

　では，それぞれの方位で星がどのように動いていくかを見ていこう。上の図を見てごらん。**東の空では右上に昇っていき，南の空では左から右へ動き，西の空では右下に沈んでいく**んだ。北の空は，動きがちょっと変わるよ。**北の空は，北極星を中心に反時計まわりに回転する**ように動いて見えるんだ。北の空では回転軸（地軸）に近い空を観測しているので，円を描くようになるんだよ。

 北の空で，北極星を中心に動いて見えるのはどうしてですか？

　それは，北極星が**地軸のほぼ延長線上にある**からなんだ。だから，地球から観測すると動いているようには見えないんだよ。記述問題でも出題

されることがあるから，答えられるようにしておこう。

地球の自転と太陽や星の日周運動

- 1日に1回転→1時間に $15°$

地球の自転	西→東	（北極から見て反時計まわり）
太陽の日周運動	東→南→西	
星の日周運動	【南の空】	東→南→西
	【北の空】	北極星を中心に反時計まわり

【時刻と方位】

　地球の自転によって，星が「いつ頃」「どの方位」で観測できるかは，このあとの学習でも重要になるから，絶対におさえておこう。

　右の図は，右側から太陽の光が当たっているときの地球を**北極側から見た**ときのもので，太陽の光が当たっている右半分が昼間，当たっていない左半分は夜になるんだ。Aの**正午**から反時計回りにA→B→C→D→A…と，時刻とともに動いていくんだ。だから，Bは**日**

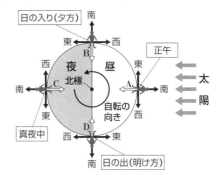

の入り，Cは**真夜中**，Dは**日の出**の位置になるんだ。

　　　　方位はどのように考えればいいですか？

　この図は北極側から見た図だよね。だから，それぞれの位置から**中心に向かう⟹の向きが北**になるんだ。そして，その反対が南。南北が決まれば，北を向いて右手側が東で，左手側が西になるんだ。このようにそれぞれの「時刻」での「方位」を判断できるようにしておこう。日の出は太陽が東の方位にあって，正午では南，日の入りでは西の方位にあるのが確認できれば大丈夫だ。

地球の公転と年周運動

【地球の1年の動き】

　地球は，太陽のまわりを1年で1周しているんだ。これを**地球の公転**というよ。1年で1周だから，12か月で360°ということだよね。だから，360°÷12＝30°で，1か月に**約30°**，1日にすると**約1°**の速さで公転していることになるんだ。公転の

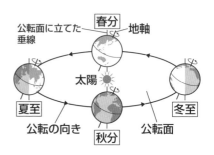

向きは，北極側から見ると，自転と同じ**反時計まわり**になるよ。

【星の1年の動き】

　毎日**同じ時刻**に南の空の星座を観測すると，**東→南→西**と星座が動いているように見えるんだ。これを**星の年周運動**というよ。これは，**地球の公転によって起こる見かけの運動**なんだ。冬の代表的な星座のオリオン座を真夜中に観察したとして，確認していこう。

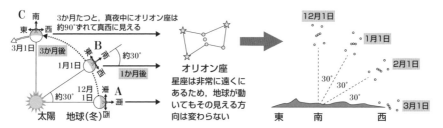

オリオン座
星座は非常に遠くにあるため，地球が動いてもその見える方向は変わらない

　地球がAの位置にあるとき，オリオン座は真夜中に南中しているよね。1か月後には，地球の位置は，公転によってBの位置に移動するんだ。そうすると1月1日の真夜中には，真南から西の向きに30°移動して見えるんだ。3か月後の3月1日の真夜中には，地球はCの位置にある。そうすると，真夜中には真西に見えるんだ。このように，星は**地球の公転によって，1か月に30°ずつ東から西へ動いている**ように見えるんだよ。

年周運動の向きは，日周運動の向きと同じなんですね。

そうだよ。だから，北の空の星を毎日同じ時刻に観測すると，**北極星を中心に1か月に30°ずつ反時計まわりに動いている**ように見えるんだ。

【太陽の1年の動き】

　地球から**星座の位置を基準として**太陽を見ると，星座の間を**西**から**東**へ動いていき，1年でもとに戻るように見える。この天球上の太陽の見かけの動きを**太陽の年周運動**というんだ。これも**地球の公転による見かけの動き**なんだよ。そして，この太陽の通り道を**黄道**と呼んでいるんだ。

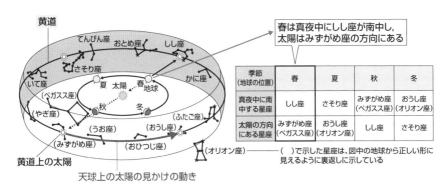

天球上の太陽の見かけの動き

春は真夜中にしし座が南中し，太陽はみずがめ座の方向にある

季節 （地球の位置）	春	夏	秋	冬
真夜中に南中する星座	しし座	さそり座	みずがめ座 （ペガスス座）	おうし座 （オリオン座）
太陽の方向にある星座	みずがめ座 （ペガスス座）	おうし座 （オリオン座）	しし座	さそり座

（　）で示した星座は，図中の地球から正しい形に見えるように裏返しに示している

　春の地球から太陽の方向を見ると，同じ方向にみずがめ座やペガスス座があるよね。**太陽と同じ方向にある星座は見ることができない**よね。だから，春にはみずがめ座やペガスス座を観測することができないんだよ。そして，**太陽と反対側にある星座は，真夜中に南中するんだ**。だから，春は真夜中に**しし座**が南中するんだよ。では，夏に，太陽と同じ方向にある星座と，真夜中に南中する星座は何かな。

夏の地球の位置から見て，太陽と同じ方向にある星座は
おうし座とオリオン座。反対側にあるのがさそり座だか
ら，真夜中に南中するのはさそり座です。

　その通りだね。真夜中に南中する星座は，その季節の代表的な星座だか
ら覚えておこう。

少し くわしく

📖 黄道12星座

　黄道付近にある12の星座のことを黄道12星座というんだ。この星座たちは占
いなどにも使われている星座だから知っている人も多いんじゃないかな。黄道12
星座以外にも，へびつかい座も黄道上にあるんだよ。ペガスス座やオリオン座は頻
繁に出てくるけれど，黄道12星座ではないよ。

季節の変化

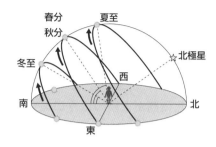

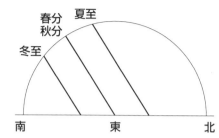

太陽の1日の動きを観測すると，季節によって**日の出**や**日の入り**の位置，**昼夜の長さ**などが変化しているんだ。上の図を見てごらん。春分・秋分では太陽は**真東**から昇って，**真西**に沈むんだ。夏至では真東より**北寄り**から昇り，真西より**北寄り**に沈んでいく。冬至では反対に，真東より**南寄り**から昇り，真西より**南寄り**に沈むんだよ。だから，**夏至は1年で南中高度がもっとも高くなり，昼の長さがもっとも長くなる**んだ。冬至はその反対で，**南中高度がもっとも低くなり，昼の長さがもっとも短くなる**んだ。

> どうしてこのような変化が起こるんですか？

それは，地球の公転のしかたに理由があるんだ。

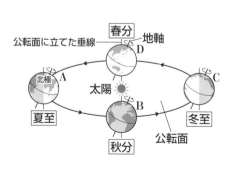

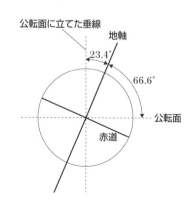

地軸は，公転面に立てた垂線に対して**23.4°**傾いている。つまり，公転面に対しては**66.6°**傾いていることになるんだ。地球は地軸を傾けた状態で公転をしているんだ。それを表したのが前ページ左の図だよ。この図を見たら太陽と地球の位置関係で季節を判断できるようにしよう。

> どうやって判断するんですか？

　地軸の傾き方から季節がわかるんだよ。**北極側が太陽のほうに傾いているのが夏至**だよ。つまり，Aの位置にあるときだ。そこから，反時計まわりに公転しているから，Bは**秋分**，Cは**冬至**，Dは**春分**となるんだ。

　季節が変わるのは，このように**地球が地軸を傾けたまま，太陽のまわりを公転しているからなんだ**。もし，地軸が傾いていなければ，公転していても季節は変化しないんだよ。

夏至の南中高度

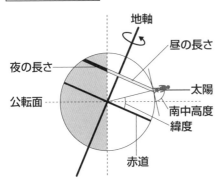

冬至の南中高度

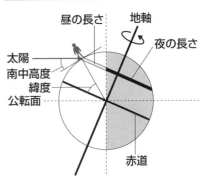

　地軸を傾けたまま公転することで，**太陽の南中高度や昼夜の長さが変わる**んだ。図の昼と夜の長さを比較するとわかるけれど，夏至では，太陽の南中高度が1年でもっとも高く，昼の長さがもっとも長いんだ。冬至では，太陽の南中高度が1年でもっとも低く，昼の長さがもっとも短いんだよ。

春分・秋分…太陽は**真東**から昇り，**真西**に沈む
夏至‥‥‥‥太陽は真東より**北寄り**から昇り，真西より**北寄り**に沈む
冬至‥‥‥‥太陽は真東より**南寄り**から昇り，真西より**南寄り**に沈む

問 題 図は，太陽のまわりを公転している地球と，4つの代表的な星座の位置関係を模式的に表したものである。次の問に答えなさい。

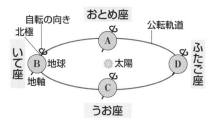

① 夏，真夜中，南の空に見える星座はどれか。
② 春，明け方，西の空に見える星座はどれか。
③ 秋，夕方，東の空に見える星座はどれか。
④ 冬，夕方，南の空に見える星座はどれか。
⑤ 夏に見ることができない星座はどれか。

解 説 まずは，地軸の傾きから季節を判断するんだ。北極側が太陽のほうに傾いているのが夏だ。だから，Bが夏。公転の向きは反時計まわりだから，Cが秋，Dが冬，Aが春となるんだ。

　次に時刻や方位を考える。太陽が当たっていないところを塗りつぶして，太陽の当たり方と自転の向きから考えるんだ。北極側から見た図をかくと下のようになるよ。ここは，前に学習した，時刻と方位のところをおさえておけば大丈夫だよ。

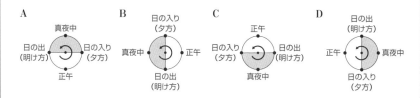

　そして，北極（方位は地球の中心）に向かうほうが北だから，それで判断すればいいよ。⑤は太陽と同じ方向にある星座は観測できないことから判断しよう。

解 答 ① いて座　② おとめ座　③ うお座
　　　　④ うお座　⑤ ふたご座

太陽の南中高度の求め方

春分・秋分	$90°-$ 緯度
夏至	$90°-$ 緯度 $+23.4°$
冬至	$90°-$ 緯度 $-23.4°$

太陽の南中高度は上の式で求められるんだ。東京は北緯35°付近だから，南中高度を求めると下記の通りになるよ。

【北緯35°（東京）の太陽の南中高度】

春分・秋分　$90°-35°=55°$

夏至　　　　$90°-35°+23.4°=78.4°$

冬至　　　　$90°-35°-23.4°=31.6°$

北極や赤道付近での太陽の動きは下のようになるんだ。
北極では，冬には太陽が昇らないんだよ。

・北極付近での太陽の動き

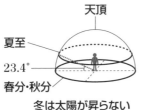

・赤道付近での太陽の動き

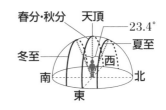

テーマ⓴ 太陽系・月や金星の見え方

中1　中2　中3

■■ イントロダクション ■■

◆ 月の満ち欠け ➡ 太陽，地球，月の位置関係で見え方が変わるよ。
◆ 日食と月食 ➡ 日食は新月，月食は満月のときに起こるよ。
◆ 金星の見え方 ➡ 見える時刻と方位をおさえよう。地球と金星の位置関係で，満ち欠けや見える大きさが変わるよ。

太　陽

地球は岩石でできているけれど，太陽は地球とは異なり高温のガスが集まってできているんだ。その温度は非常に高く，中心温度は約1600万℃。表面は約6000℃になっているんだ。太陽を天体望遠鏡を用いて観測すると，表面には周囲より温度が低く約4000℃の黒い斑点が観測できる。この斑点を黒点と呼んでいるんだ。

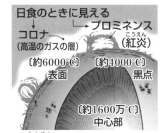

日食のときに見える
コロナ　プロミネンス
（高温のガスの層）　（紅炎）
【約6000℃】　【約4000℃】
表面　黒点
【約1600万℃】
中心部

また，皆既日食のときには高温のガスの層でできたコロナや，プロミネンス（紅炎）も観測できることがあるよ。

【黒点の観察】

鏡筒
ファインダー（やけどのおそれがあるため，ふたをしておく）
ピントを合わせるねじ
日よけ板
接眼レンズ
投影板
あらかじめ円をかいておく
記録用紙

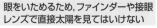

眼をいためるため，ファインダーや接眼レンズで直接太陽を見てはいけない

北 西 東 南 3月7日12時	北 西 東 南 3月9日12時	北 西 東 南 3月11日12時

黒点を観察すると，その**位置が少しずつ移動していること**と，**中央部では円形**に見えていた黒点が，**周辺部では楕円形**に見えることが確認できるんだ。

そのことから，何がわかるんですか？

　黒点が移動していることから，**太陽が自転をしていることがわかる**んだよ。そして，**中心部では円形に見え，周辺部では楕円形に見えた**ことから，**太陽は球形をしているということがわかる**んだ。

太　陽

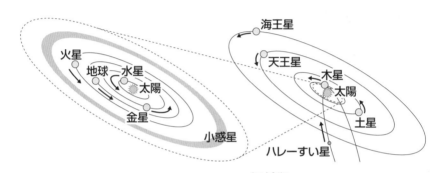

火星
地球　水星
太陽
金星
小惑星

海王星
天王星
木星
太陽
土星
ハレーすい星

　太陽を中心とした天体の集まりのことを**太陽系**というよ。太陽系の天体には，自ら光を放つ太陽系唯一の**恒星**である太陽を中心に，そのまわりを公転している**惑星**，その惑星のまわりを公転している**衛星**，小さな天体である**小惑星**，そのほか，**すい星**や**太陽系外縁天体**などがあるんだ。

　太陽系の惑星は全部で8個あって，太陽から近い順に**水星，金星，地球，火星，木星，土星，天王星，海王星**だよ。**公転周期は太陽から遠くなるほど長くなっている**んだ。地球の公転周期は1年だけど，一番遠い海王星は160年以上かかるんだよ。また，惑星はその特徴によって2つに分類されていて，水星・金星・地球・火星を**地球型惑星**，木星・土星・天王星・海王星を**木星型惑星**というよ。

どんな違いがあるんですか？

　地球型惑星は，**岩石でできているから密度が大きい**んだ。それに対して木星型惑星は，**気体でできているので，密度が小さい**んだ。

	惑星	直径 （地球＝1）	質量 （地球＝1）	密度 （g/cm³）	太陽から の距離 （地球＝1）	公転周期 （年）	衛星の数
地球型惑星	水星	0.38	0.06	5.43	0.39	0.24	0
	金星	0.95	0.82	5.24	0.72	0.62	0
	地球	1.00	1.00	5.51	1.00	1.00	1
	火星	0.53	0.11	3.93	1.52	1.88	2
木星型惑星	木星	11.21	317.83	1.33	5.20	11.86	79
	土星	9.45	95.16	0.69	9.55	29.46	82
	天王星	4.01	14.54	1.27	19.22	84.02	27
	海王星	3.88	17.15	1.64	30.11	164.77	14

少し くわしく

惑星の特徴

水星

太陽系最小の惑星。大気がほとんどないためクレーターが多く存在する。

金星

明けの明星，よいの明星として観測できる。二酸化炭素が多いため，温室効果により，表面温度が高い。

火星

地球の半分程度の直径。赤褐色の土で覆われている。

木星

太陽系最大の惑星。表面には縞模様があり，そのうち大赤斑が目をひく。2018年に12個の衛星が見つかり，合計で79個となった。

土星

大きな環をもつことで有名。密度は水よりも小さい。2019年に新たに20個の衛星が見つかり，太陽系で最多の82個となった。

天王星

自転軸が公転面に対してほぼ横倒しの状態で公転している。

海王星

メタンにより青く見える。

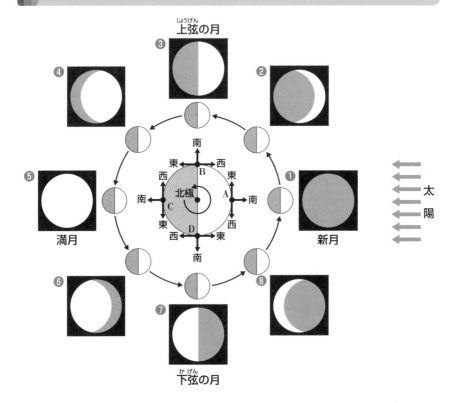

上弦の月

満月

新月

下弦の月

太陽

　月の満ち欠けについて見ていこう。月は1周約**27.3日**で地球のまわりを公転しているんだ。そのときの太陽，地球，月の位置関係によって光が当たって見える部分が変化して，満ち欠けが起こるんだよ。

　❶に月があるときは，太陽の光が当たっている部分は地球から見えない。このときを**新月**というよ。**新月は月が太陽と同じ方向にあるとき**と覚えておこう。❷は，**三日月**だよ。新月から約1週間（7.5日）で❸の位置にくると半月になる。このように右半分が光った半月を**上弦の月**というよ。さらに約1週間経つと❺にやってくる。このときが**満月**だ。**満月は月が太陽と反対側にあるとき**だね。さらに1週間ほど経って❼にくると，今度は，左半分が光った半月になる。この半月を**下弦の月**と呼んでいるんだ。そして，さらに1週間経つと再び❶の新月となるんだ。このように，新月から次の新月までは約**29.5日**かかるんだ。公転周期と混同しないように注意しよう。

では，月の見える方位について確認していこう。ここは，星のときと同じように考えればいいよ。

決まった時刻に月の満ち欠けを観測したところ，右の図のようになった。

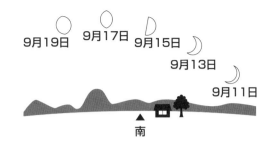

9月15日には**南の空に上弦の月**が見えているよね。だから，夕方に観測したことがわかるんだ。前のページの図でいうとBの位置だね。このように，**毎日決まった時刻に月を観測すると，西から東へ動いているように見える**んだよ。

1日での動きは，**太陽と同じように東から西に動いているように見えるから，混同しないように注意しよう。**

日食と月食

【日食のしくみ】

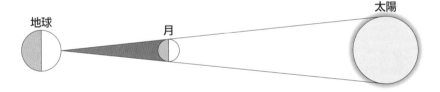

日食を見たことはあるかな。**日食は，太陽が月の影に隠れて見えなくなる現象**のこと。上の図のように，地球と太陽が月をはさむようにして，**地球—月—太陽**の順に一直線上に並んだとき，つまり**新月**のときに起こるのが日食なんだ。

太陽の直径は月の約400倍だけど，地球から太陽までの距離は地球から月までの約400倍だから，地球から見ると太陽と月は同じくらいの大きさになるんだ。

日食には，太陽の一部分が隠れる**部分日食**と，すべて隠れる**皆既日食**があるよ。

【月食のしくみ】

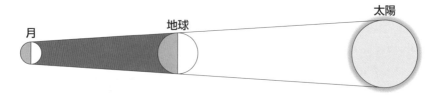

　月食は，月が地球の影に隠れて見えなくなる現象のこと。月と太陽が地球をはさむようにして，**月－地球－太陽**の順に一直線上に並んだとき，つまり**満月**のときに起こるんだ。日食と同じく，月の一部分が隠れる**部分月食**と，すべて隠れる**皆既月食**があるよ。

金星の見え方

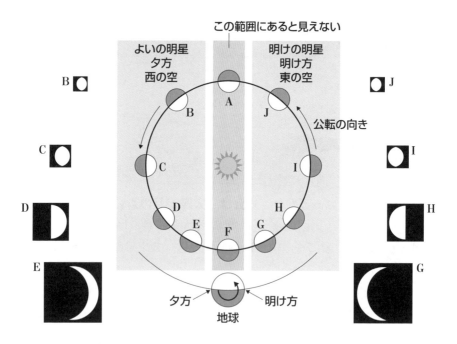

　金星は，月と同じように満ち欠けをするんだ。太陽の方向にあるAとFのときは，金星を観測することができないんだ。また，**金星は真夜中に見ることができない**こともおさえておこう。

どうして金星は真夜中に見ることができないんですか？

　それは，**金星が地球より太陽に近い軌道で公転しているから**なんだ。水星も金星と同じく，地球より内側を公転している惑星だよね。この2つを**内惑星**と呼んでいるよ。反対に地球の公転軌道の外側を公転している火星，木星，土星，天王星，海王星を**外惑星**というんだ。

　真夜中は，ちょうど太陽の反対側にきたときだよね。内惑星は地球から見ると太陽の方向にあるわけだから，真夜中には見られないんだよ。

では，金星はいつ見られるんでしょうか？

　金星は，明け方と夕方によく輝いて見えるんだよ。
　前ページの図のG，H，I，Jのところにある金星は，**明け方，東の空**に見えるので**明けの明星**というんだ。明けの明星は**左側**が光って見えるんだ。
　前ページの図のB，C，D，Eのところにある金星は**夕方，西の空**に見えるので**よいの明星**というよ。**右側**が光って見えるんだよ。

　金星は，地球に**近いほど大きく見え，欠け方が大きくなる**よ。反対に地球から**遠いほど小さく見えて，欠け方は小さくなる**んだよ。

【黒点の観察からわかること】

- 黒点の位置が移動している→太陽が自転している
- 中央部で円形，周辺部で楕円形に見える→太陽が球形をしている
- 黒い斑点として観測できる→周囲より温度が低い

【月の1日の動き】

東から昇り，南の空を通って，西へ沈んでいく。

【月の満ち欠け】

29.5 日の周期で満ち欠けする

- 新月　　：見えない（日食が起こることがある）
- 三日月　：夕方，西の空の低い位置（南西）に見える
- 上弦の月：日の入りごろに南中する
- 満月　　：真夜中，南中する（月食が起こることがある）
- 下弦の月：日の出ごろに南中する

【金星の見え方】

- 明けの明星：明け方，東の空に見える
- よいの明星：夕方，西の空に見える

地球に近いほど大きく見え，欠け方が大きい。

地球から遠くなるほど小さく見え，欠け方が小さい。

テーマ **21** いろいろな物質

中1　中2　中3

　イントロダクション

◆ **有機物と無機物** ➡ 有機物を燃やすと二酸化炭素が出てくる。
◆ **金属と非金属** ➡ 金属の性質は覚えておこう。
◆ **密度** ➡ グラフの読み取りをできるようにしよう。

▶ 有機物と無機物

　紙やロウ，砂糖などを加熱すると，燃えて二酸化炭素が発生する。どうして，二酸化炭素が発生するのかわかるかな？　実は，紙やロウ，砂糖には**炭素が含まれていて**，その炭素が空気中の**酸素と結びついて二酸化炭素が発生**するんだ。このように，**炭素を含む物質を有機物**というよ。さらに，**有機物の多くは，水素も含んでいる**から，**有機物を加熱すると，二酸化炭素と水が発生する**んだ。

　また，食塩や鉄のように炭素を含まない物質を**無機物**という。無機物は炭素を含まないので，燃やしても二酸化炭素が発生しないよ。

　例外として，**炭素や二酸化炭素は**炭素が含まれているけれど**無機物に**分類されるので気をつけよう。

【有機物】　デンプン, 砂糖, プラスチック, エタノール, 木, 紙, ロウなど
【無機物】　鉄, ガラス, 炭素, 二酸化炭素, 食塩など

金属と非金属

　金属といえば，鉄，銅などは知っているよね。金属には，共通した性質があるんだ。ここで注意が必要なのは，**「磁石につく」というのは，金属の性質ではない**ということだよ。中学理科でよく出てくる物質で**磁石につくのは鉄**くらいだよ。

　金属以外のものを**非金属**と呼んでいるんだ。

【金属の性質】

❶ みがくと特有の光沢が出る（**金属光沢**）
❷ たたくと広がる（**展性**）
❸ 引っ張るとのびる（**延性**）
❹ 電気を通しやすい
❺ 熱を伝えやすい

密　度

　密度は，1cm³あたりの質量のことで，単位は**g/cm³（グラム毎立方センチメートル）**だよ。密度は次の式で求められるよ。

$$物質の密度〔g/cm^3〕 = \frac{物質の質量〔g〕}{物質の体積〔cm^3〕}$$

　これだけだとわかりにくいので，具体的に例をあげて説明していこう。銅は50cm³で448g，銀は30cm³で315gぐらいだけど，どちらの質量が大きいかな？　普通に考えれば，この場合は銅のほうが大きいよね。でも，体積が異なっているよね。そこで同じ体積で考えたらどうなるかを考えたものが密度なんだよ。1cm³あたりの質量をそれぞれ計算してみると，次のようになるんだ。

銅：$\dfrac{448g}{50cm^3} = 8.96g/cm^3$

銀：$\dfrac{315g}{30cm^3} = 10.50g/cm^3$

物質	密度〔g/cm³〕	物質	密度〔g/cm³〕
アルミニウム	2.70	金	19.32
鉄	7.87	水(4℃)	1.00
銅	8.96	エタノール	0.79
銀	10.50	水銀	13.55

これで，銅や銀の密度を求めることができたんだ。

このように**密度は物質によって決まっている**んだよ。だから，密度がわかれば**物質を区別する**ことができるんだ。

> 計算問題はあまり得意じゃないんですけど……。
> コツとかないですか？

あります。まずは「**単位**」をちゃんと覚えておくこと。そうすると，単位が公式を導いてくれて，とても楽になるよ。

密度の単位はg/cm^3だよね。／は，分数を表していて，$\dfrac{g}{cm^3}$ということになるんだ。だから，密度は$\dfrac{質量}{体積}$で求められるよ。こうやって単位で意味を考えて求め方を導けば，公式の丸暗記が必要なくなるよ。この考え方は，ほかの単元でも応用できるからとても便利だよ。

●密度と体積から質量を求める➡ $\dfrac{g}{cm^3}$とcm^3からgを求める

$$\dfrac{g}{cm^3} \times cm^3 = g \quad つまり，密度 \times 体積で求められる$$

●密度と質量から体積を求める➡ $\dfrac{g}{cm^3}$とgからcm^3を求める

$$g \div \dfrac{g}{cm^3} = g \times \dfrac{cm^3}{g} = cm^3 \quad つまり，質量 \div 密度で求められる$$

> 丸暗記しなくていいので，忘れてしまっても思い出せますね。ほかに密度でポイントはありますか？

水の密度は$1.00g/cm^3$であることは覚えておこう。これより**密度が小さい物質は水に浮くし，大きければ水中に沈む**んだよ。

【上皿てんびん】

質量をはかる物体　うで　ピンセット　分銅　皿　調節ねじ

はかり取りたい質量の分銅　薬品　薬さじ　薬包紙　薬包紙　調節ねじ

上皿てんびんを使うときは，まず安定した水平な台にのせて，針が左右に等しく振れるように調節する。そして，「質量をはかる」「決まった質量をはかる」ときで，使い方が異なるよ。

● 「質量をはかる」とき
❶ 左の皿に物体をのせる
❷ 右の皿に，物体より**少し重い**と思われる分銅をのせる
❸ 分銅を軽いものにのせかえていき，つり合わせる

● 「決まった質量をはかる」とき
❶ 左の皿に分銅をのせる
❷ 右の皿にはかり取るものをのせていき，つり合わせる

※上記は，右利きのとき。左利きのときは，左右を反対にして考えよう。
※粉末の薬品をはかり取るときは，左右の皿に薬包紙をのせる。
※液体をはかるときは，左右の皿にビーカーをのせる。

【メスシリンダー】
　体積をはかるときに使うのがメスシリンダーだよ。読み取るときには，**真横から見て液面の平らな部分を読み取る**んだ。物体の体積をはかるときは，水に

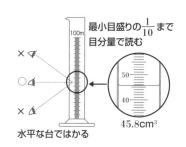

最小目盛りの$\frac{1}{10}$まで目分量で読む

45.8cm³

水平な台ではかる

沈めてふえた体積を読み取ればいいんだよ。読み取るときは，最小目盛りの $\frac{1}{10}$ まで読み取るんだ。はかりたい物体が水に浮いてしまう場合は，針金で沈めて読み取ろう。

【ガスバーナー】

　ガスバーナーは，加熱するときに使う実験器具で，使い方の問題がよく出題されるから，しっかり覚えておこう。

　ガスバーナーには，**ガス調節ねじと空気調節ねじがある**んだ。**下のほうがガス調節ねじで，上が空気調節ねじ**だよ。これらのねじは，**時計まわりに回すと閉まり，反時計まわりに回すとゆるむ**んだ。水道の蛇口と同じだよ。

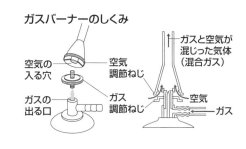

ガスバーナーのしくみ

空気の入る穴
空気調節ねじ
ガスの出る口
ガス調節ねじ
ガスと空気が混じった気体（混合ガス）
空気
ガス

【火をつけるとき】

❶ 2つのねじが閉まっていることを確認する
❷ 元栓を開く
❸ コックを開く
❹ マッチに火をつける
❺ ガス調節ねじを開いて点火し，炎の大きさを調節する
❻ ガス調節ねじをおさえながら空気調節ねじを開いて，青色の炎にする

空気調節ねじ
ガス調節ねじ
コック

❶空気調節ねじとガス調節ねじが閉まっていることを確認する。

❷元栓→❸コックの順で開く。

下から近づける

❹マッチに火をつける。
❺ガス調節ねじを開いて点火し，炎の大きさを調節する。

青色の炎にする

❻ガス調節ねじをおさえながら空気調節ねじを開いて青色の炎にする。

　火を消すときは，つけるときと逆だから，空気調節ねじ→ガス調節ねじの順で閉めていくよ。

図は，物質A～Kの体積と質量の関係をグラフに表したものである。次の問に答えなさい。

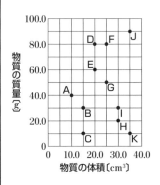

(1) DとEで密度が大きいのはどちらか。

(2) BとIで密度が大きいのはどちらか。

(3) 同じ物質でできているものを選びなさい。

(4) 水に浮く物質はどれか，すべて選びなさい。

解 説

A～Kの密度を求めて解くことはできるけれど大変だよね。

とりあえず，AとDの密度を求めてみよう。

$$A = \frac{40.0}{10.0} = 4.0 \mathrm{g/cm^3} \qquad D = \frac{80.0}{20.0} = 4.0 \mathrm{g/cm^3}$$

密度が同じってことは，AとDは同じ物質ということですか？

その通り。右のグラフを見てみよう。密度が同じAとDを通る直線をかくと**原点を通る直線**になるよね。つまり，**同じ物質の場合，その物質を表す点と原点を通る直線の傾きが等しくなる**んだ。このように考えるとBとG，CとHもそれぞれ同じ物質ということがわかるんだ。

水の密度は1.00g/cm³だから，Iの密度を計算すると水だということがわかるよね。Iと原点を通る点より傾きが小さいものは水に浮くんだ。つまり，図の色を塗った部分のところにあるものだね。

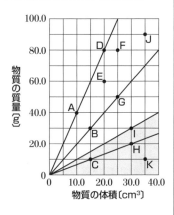

解 答 (1) D (2) B (3) AとD，BとG，CとH

(4) C，H，K

テーマ 22 水溶液とその性質

中1 中2 中3

■┣┫ イントロダクション ┣┫■

◆ **質量パーセント濃度** ➡ 計算はしっかりできるようにしよう。

◆ **溶解度と再結晶** ➡ グラフの読み取りは頻出。

溶液と水溶液

　食塩水は，水に食塩が溶けたものだよね。食塩のように**溶けている物質**を**溶質**，水のように**溶かしている液体**を**溶媒**というんだ。溶質が溶媒に溶けている液体を**溶液**と呼んでいるよ。簡単にいうと，物質が何かに溶けた液体が溶液だ。特に物質を**水に溶かしたとき（溶媒が水）の溶液**を水溶液と呼んでいるよ。

　次に水溶液の性質をあげておこう。

❶ 濃度はどこも均一

❷ 透明（色がついているときもある）

❸ 時間がたっても沈殿したり，分離したりしない

例）　砂糖水の場合

　溶質…**砂糖**　　溶媒…**水**　　（水）溶液…**砂糖水**

【いろいろな水溶液】

　右の表は，水溶液と溶質の組み合わせ例だ。食塩の主成分は塩化ナトリウムなので，理科では**食塩ではなく塩化ナトリウムとして出てくることがある**から知っておこう。

水溶液	溶質
食塩水	食塩（塩化ナトリウム）
塩酸	塩化水素
アンモニア水	アンモニア
炭酸水	二酸化炭素
塩化銅水溶液	塩化銅

　塩酸は実験でよく用いられる液体だよね。塩酸は塩化水素（気体）が溶けたものなんだ。炭酸水は二酸化炭素を溶かしたもの。そして，有色の水溶液で代表的なのは塩化銅水溶液だ。**塩化銅水溶液は青色**の水溶液だよ。

質量パーセント濃度

水溶液に溶けている溶質の量によって，「濃さ」が変わるよね。この「濃さ」を，質量をもとにして百分率（％）で表したものを**質量パーセント濃度**というんだ。例えば，食塩水200gがあって，その食塩水のうち，194gが水で，6gが食塩とする。そうすると，水溶液の質量のうちの3％が食塩だよね。これが質量パーセント濃度だよ。単純に濃度といわれることもあるよ。求める式をしっかり覚えておこう。

$$質量パーセント濃度〔\%〕 = \frac{溶質の質量〔g〕}{溶液の質量〔g〕} \times 100$$

そして，溶質の質量を求める問題のときは，次の式を使って求めよう。

$$溶質の質量〔g〕 = 溶液の質量〔g〕 \times \frac{濃度〔\%〕}{100}$$

【質量パーセント濃度の計算問題】

> **問　題**　どの水溶液も溶け残りがなかったものとして，次の問に答えなさい。
>
> (1)　水 40g にミョウバン 10g を溶かしたときの質量パーセント濃度を求めなさい。
> (2)　12.5％の砂糖水 300g に溶けている砂糖の質量を求めなさい。
>
> **解　説**
>
> (1)　注意点は，**水の質量と水溶液の質量をしっかり区別すること**。水 40g，ミョウバン 10g なので，水溶液の質量は，40g ＋ 10g ＝ 50g
>
> よって，$\dfrac{10}{50} \times 100 = 20\%$
>
> よくある間違いで，$\dfrac{10}{40} \times 100 = 25\%$　としないように注意しよう。
>
> (2)　溶質の質量は，**水溶液の質量 × $\dfrac{濃度}{100}$** で求められる。
>
> よって，$300 \times \dfrac{12.5}{100} = 37.5g$
>
> **解　答**　(1) **20％**　　(2) **37.5g**

　右のグラフは5種類の物質について，水の温度と100gの水に溶ける限界の量の関係を表したものだよ。例えば，60℃の水100gには硫酸銅は80gくらいまで溶け，ミョウバンは60g弱くらいまで溶けるけど，それ以上は溶けないんだ。

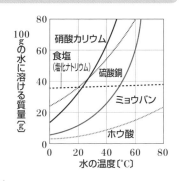

　このように，物質が水に溶ける量には限界があって，その限界の量を**溶解度**，溶解度を表した曲線のグラフを**溶解度曲線**というよ。一般に，溶解度は**水の温度が高いほど大きくなる**んだ。そして，水に限界まで溶かしてできた水溶液を**飽和水溶液**というよ。

　温度が高いほどよく溶けるということは，温度が低くなると溶ける量は小さくなるよね。これを利用して，水溶液に溶けている固体を取り出すことができるんだ。

　ミョウバンを例に説明していこう。右下のグラフを見てごらん。ミョウバンが40℃と60℃の水に溶ける限界の量を棒グラフで表しているよ。

　60℃の水に限界まで溶かしたとすると，60g近くまで溶けるよね。それを徐々に冷やしていって，40℃まで下げると30gも溶けなくなるよね。そうすると，ミョウバンが**水溶液に溶けきれなくなって結晶として出てくる**んだ。このように**温度による溶解度の差を利用して，溶けている固体を取り出す方法**を**再結晶**というんだ。

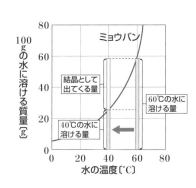

　水の温度を下げれば，結晶として取り出せるんですね。

　そうだね。でも例外もあるよ。一番上の図の食塩のグラフを見てごらん。ほかの物質と比べると傾きが緩やかだね。つまり，**食塩は水の温度が高**

くなっても溶ける量がほとんど変化しないんだ。一般に固体の溶質は温度を下げると取り出すことができるんだけど，**食塩は温度を下げても結晶がほとんど出てこない**んだよ。だから，食塩水から食塩の結晶を取り出すには，**食塩水を加熱して水を蒸発させる**んだ。食塩水から食塩を取り出す方法はよく問われるから，答えられるようにしておくといいよ。

ろ　　過

　ろ過は，固体と液体を分ける方法だよ。

　ろ過は，ビーカー，ろうと，ろ紙，ガラス棒を使って次のような方法で行うんだ。注意点なども問題に出されやすいからおさえておこう

【ろ過のしかた】

　ろ紙を4つ折りにして，水でぬらしてろうとに密着させる。ろうとのあしの長いほうをビーカーの壁につける。液はガラス棒を伝わらせて注ぐんだ。

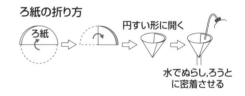

【注意点】

❶ ガラス棒を伝わらせて注ぐ。

❷ ろうとのあしの長いほう（とがったほう）をビーカーの壁につける。

❸ ガラス棒はろ紙が二重になったところに当てる。

❹ ろ紙の8分目以上は入れない。

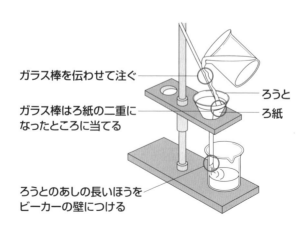

問題　物質の溶解度を調べるために次の実験を行った。①～④の各問に答えなさい。

(1)　水50gを入れた4つのビーカーを用意し、ミョウバン、硫酸銅、硝酸カリウム、塩化ナトリウムをそれぞれ40g入れ、ガラス棒でよくかき混ぜながら加熱して、50℃、60℃、70℃の温度において物質が水に完全に溶けるかどうか調べた。表1は、その結果をまとめたものである。表中の○は、物質がすべて溶けたことを示し、×は、物質の一部が溶け残ったことを示す。

表1

	50℃	60℃	70℃
ミョウバン	×	×	○
硫酸銅	×	○	○
硝酸カリウム	○	○	○
塩化ナトリウム	×	×	×

(2)　(1)で70℃まで加熱したミョウバン、硫酸銅、硝酸カリウム、塩化ナトリウムのそれぞれの水溶液について、温度を測定しながら10℃まで冷却した。

　　右のA、B、Cのグラフは、それぞれミョウバン、硫酸銅、硝酸カリウムについて、100gの水に溶ける物質の質量と水の温度との関係を示した溶解度曲線のいずれかである。

　　右の表2は、10℃におけるA、B、Cそれぞれの溶解度を示している。

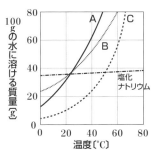

表2

	100gの水に溶ける質量〔g〕
A	22
B	29.3
C	7.6

① A～Cの中で、ミョウバンの溶解度曲線を示すものはどれか。

② (2)で70℃のA～Cの3種類の水溶液を10℃まで冷やすと、それぞれ結晶が現れた。現れた結晶の質量の大きい順に、物質名を書きなさい。

③ (2)で、10℃まで冷やして結晶が現れたときの硝酸カリウム水溶液の濃度は何%か。四捨五入して小数第一位まで求めなさい。

④ 塩化ナトリウムを溶かした水溶液では、水溶液を10℃に冷やしても結晶として取り出すことがほとんどできなかった。その理由を溶解度という語句を用いて書きなさい。

〈大分県・改〉

① この問題は，水 50g に溶かしているけれど，グラフは水 100g に溶かしたとき
のものだよね。このように溶かした水の量が 100g でないときは，**100g の水に
溶かしたらどうなるかを考える**んだ。

　　この場合，水 50g に 40g の物質を入れたから，水 100g では 80g の物質を入
れたとして考えるんだ。60℃のときは，A〜Cのうちミョウバンだけ溶け残って
いる。だから，このときの溶解度はミョウバンは 80g 未満，硫酸銅と硝酸カリウ
ムは 80g 以上であることがわかるよね。

② 70℃だった水溶液を冷やしていくと，表 1 から 60℃ではミョウバン，50℃で
はミョウバンと硫酸銅の結晶が現れ，硝酸カリウムは 60℃，50℃では結晶は現
れてないよね。だから，グラフから 50℃での溶解度は，大きい方からA，B，
Cであるから，Aが**硝酸カリウム**，Bが**硫酸銅**，Cが**ミョウバン**とわかるんだ。

　　表 2 から 10℃での溶解度は，大きい順にB，A，Cとなっているよね。溶解
度が小さいものほど現れる結晶の質量は大きいから，現れた結晶の質量の大きさ
は，大きい順にミョウバン，硝酸カリウム，硫酸銅となるんだ。

③ 小数第一位まで求めるから，小数第二位まで求めて四捨五入する。②で硝酸カ
リウムはAとわかったよね。だから，10℃で 100g の水に 22g 溶けている。こ
れを用いて，計算すると，

$$\frac{22}{22+100} \times 100 = 18.03...$$

となるから，小数第二位を四捨五入して，18.0%だ。

$\frac{22}{100} \times 100$ と計算しないように注意が必要だよ。

④ 塩化ナトリウムは，温度によって溶解度がほとんど変化しない物質だったよね。
結晶の取り出し方も聞かれることがあるから，合わせて確認しておこう。

解　答 ① C　　② ミョウバン→硝酸カリウム→硫酸銅
③ 18.0%
④ 温度が変化しても，塩化ナトリウムの溶解度は
あまり変化しないから。

テーマ ㉓ 気体とその性質

 イントロダクション

◆ **気体の集め方** ➡ 水に溶けやすいかどうか，空気より軽いかどうかで集め方が異なる。

◆ **いろいろな気体** ➡ 中2や中3でも必要になる知識。発生方法，性質，調べ方はしっかり覚えよう。

気体の集め方

　物質を混ぜ合わせたり，加熱したりすると気体が発生することがあるよね。ここでは，発生した気体の集め方を確認するよ。気体の集め方は**水上置換法，下方置換法，上方置換法**の3種類。どの方法で集めるかは，その気体が①**水に溶けやすいか**，②**空気より重いか軽いか**で変わってくるんだ。

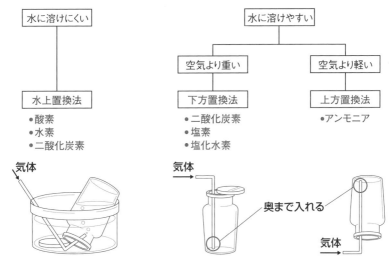

　気体を集めるときは，**気体が発生してしばらくしてから集める**んだ。最初に出てきた気体は実験装置内にもともとあったものだから，集めたい気体以外のものが含まれてしまうからだよ。

　水に溶けにくい気体は水上置換法で集める。水上置換法は，水を満たした集気びんを水槽の水の中に入れて，その集気びんの中に発生した気体を集める方法なんだ。この方法で集めると，**空気が混ざりにくく，目的**

の気体のみを集めやすいんだ。

　水に溶けやすく，空気より重い（密度が大きい）気体は下方置換法で集めるんだ。水に溶けやすく，空気より軽い（密度が小さい）気体は上方置換法で集めるよ。これらの集め方では，ガラス管を容器の奥まで入れるんだ。実験装置の図をかく問題が出たときには注意しよう。

　二酸化炭素は，水上置換法と下方置換法の両方に載っているのですが，どうしてですか？

　二酸化炭素は，水に少し溶ける性質があるんだ。溶けやすくはないので，水上置換法で集めることができるんだ。そして，空気より重い（密度の大きい）気体だから，下方置換法でも集めることができるんだよ。

いろいろな気体

　ここでは，**水素・酸素・二酸化炭素・アンモニア・塩素**について学んでいくよ。中2や中3でも必要になる知識だから絶対に覚えておこう。
【水素】

ポイント整理

発生方法	うすい塩酸　＋　亜鉛（あえん）などの金属
	※うすい硫酸（りゅうさん）＋鉄・マグネシウム・
	アルミニウムなどでもOK
性質	もっとも軽い気体。空気中でよく燃える
調べ方	マッチの火を近づける➡爆発して燃える
	（ポンと音を出して燃える）
集め方	水上置換法

　水素は，**もっとも軽い気体**として有名だから覚えておこう。**空気中で燃やすと酸素と結びついて水ができる**。物質を燃やして水ができると，もとの物質に水素が

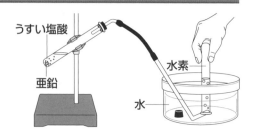

うすい塩酸
水素
亜鉛
水

含まれていることがわかるんだよ。

【酸素】

ポイント整理

発生方法	二酸化マンガン＋うすい過酸化水素水
	（オキシドール）
性質	ものを燃やすのを助ける（助燃性）
調べ方	線香の火を近づける➡炎をあげて燃える
集め方	水上置換法

酸素は，ものを燃やすのを助けるはたらきがあるのは有名だよね。この性質を**助燃性**というんだ。酸素自体が燃えるわけではないから知っておこう。**空気より少し重く，水に溶けにくい**ので**水上置換法**で集めるよ。

うすい過酸化水素水
活栓つきろうと
集気びん
酸素
水
二酸化マンガン　　ふた

【二酸化炭素】

ポイント整理

発生方法	石灰石　＋　うすい塩酸
	※石灰石は卵の殻・貝殻・
	炭酸水素ナトリウムでもOK
性質	水溶液（炭酸水）は酸性を示す
調べ方	石灰水を入れて振る➡白くにごる
集め方	水上置換法，下方置換法

二酸化炭素は，**水に少し溶け，空気より重い**気体。**炭酸水**は二酸化炭素が水に溶けた水溶液で，**酸性**を示すよ。だから，**青色リトマス紙を赤色**に変化させ，**BTB溶液は黄色**に変化するんだ。

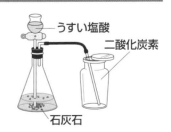

うすい塩酸
二酸化炭素
石灰石

【アンモニア】

発生方法　塩化アンモニウム＋水酸化カルシウム（加熱）
性質　　　水に**非常に溶けやすい**。特有の刺激臭。
　　　　　空気より軽い。**水溶液は，アルカリ性を示す。**
集め方　　**上方置換法**

　アンモニアは，**水に非常に溶けやすく，特有の刺激臭**（鼻をさすようなにおい）のある気体。空気より軽いので，上方置換法で集めるよ。水溶液は**アルカリ性**を示すので，水でぬらした赤

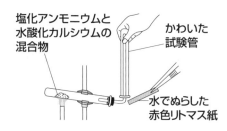

塩化アンモニウムと水酸化カルシウムの混合物
かわいた試験管
水でぬらした赤色リトマス紙

色リトマス紙を試験管の口に近づけると青色に変化し，**フェノールフタレイン溶液が赤色に変化する**よ。フェノールフタレイン溶液は，アルカリ性かどうかを調べる試薬。弱いアルカリ性のときと強いアルカリ性のときで赤色の濃さが異なるよ。酸性や中性のときは無色だ。

【いろいろな気体のまとめ】

気体	主な発生方法	色	におい	水への溶けやすさ	空気の密度を1としたとき
水素	・**亜鉛＋うすい塩酸**または硫酸（鉄・マグネシウム・アルミニウム） ・水の電気分解（陰極に発生） ・塩酸の電気分解（陰極に発生）	なし	なし	溶けにくい	0.07
酸素	・**二酸化マンガン＋うすい過酸化水素水**（オキシドール） ・過炭酸ナトリウムの熱分解 ・酸化銀の熱分解	なし	なし	溶けにくい	1.11
二酸化炭素	・**石灰石＋うすい塩酸** ・炭酸水素ナトリウム＋うすい塩酸	なし	なし	少し溶ける	1.53
アンモニア	・**塩化アンモニウム＋水酸化カルシウム**（加熱） ・アンモニア水を加熱	なし	特有の刺激臭	非常に溶けやすい	0.60
塩素	・塩酸の電気分解（陽極に発生） ・塩化銅水溶液の電気分解	黄緑色	特有の刺激臭	溶けやすい	2.49

テーマ24 状態変化

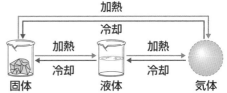

イントロダクション

◆ **状態変化** ⇒ 体積の変化にともなう密度の変化を理解しよう。水は例外。
◆ **融点と沸点** ⇒ グラフを頭に入れておこう。
◆ **蒸留** ⇒ エタノールと水の混合液の実験は重要。再結晶との違いも理解しておこう。

状態変化

水（液体）を加熱すると水蒸気（気体）になり，冷却すると氷（固体）になるよね。このように物質が温度によって固体⇄液体⇄気体と変化することを**状態変化**というよ。状態変化では，**物質がなくなったり，別の物質に変わったりすることはない**よ。

状態変化では，体積は**変化する**けれど，質量は**変化しない**んだ。質量と体積から，密度を求めることができたよね。質量が一定で体積が大きくなると，密度は小さくなるから，密度を比べると，一般に**気体＜液体＜固体**の順になっているよ。

粒子は一定に並んでいる	粒子は位置を変えることができる
	粒子は自由に飛び回っている

> 前にペットボトルの水を凍らせたら，ペットボトルがパンパンになっていたことがあったんです。この場合は，固体のときのほうが体積がふえているってことですか？

実は，**水は例外**なんだよ。状態変化の説明のときは，身近な水を例にあげて説明されるからといって，**ほかの物質を水と同じように考えてはいけない**んだ。**水は液体のときの体積がもっとも小さい**んだ。ちなみに，水→氷の変化のときは，体積が約1.1倍，水→水蒸気のときは約1700倍に

なるんだ。だから，水の場合の密度は**気体＜固体＜液体**となるんだ。

液体のロウが固体に変化すると体積は小さくなるんだよ。右のように，ビーカーに液体のロウを入れて，しばらく置いておくと**真ん中がへこむように固まって**，固体のロウになるんだ。ロウが固体になったときの断面の様子に関する問題も出題されることがあるからおさえておこう。

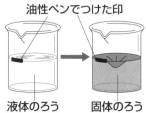

油性ペンでつけた印

液体のろう　　固体のろう

状態変化にはいろいろな種類があるんだ。
- 昇華：ドライアイス（固体）が二酸化炭素（気体）に変化するように，固体→気体の変化のことを昇華というよ。また，気体→固体の変化も昇華というんだ。
- 蒸発：液体が気体に変化すること。
- 凝固：液体が固体に変化すること。
- 凝結：気体が液体に変化すること。
- 融解：固体が液体に変化すること。

融点と沸点

氷は0℃でとけて水になり，水は沸とうさせて100℃にすると水蒸気になるよね。このように，**固体がとけて液体になる温度**を融点，**液体が沸とうして気体になる温度**を沸点というんだ。**融点と沸点の間のときは液体になっているんだよ。**

水の場合，融点が**0℃**，沸点が**100℃**だ。水以外では，エタノールがよく出てくるから，エタノールの沸点は覚えておくといいよ。

物質	融点[℃]	沸点[℃]
鉄	1535	2750
銅	1083	2567
金	1064	2807
水	**0**	**100**
エタノール	−115	78
窒素	−210	−196
パルミチン酸	63	360
ナフタレン	81	218

このように，純粋な物質の融点や沸点は決まっているから，物質を区別する手がかりになるんだよ。

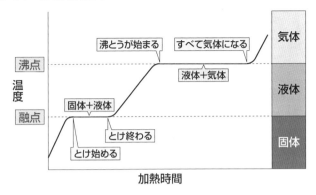

上のグラフは，横軸を加熱時間，縦軸を温度にしたときのものだよ。

固体の物質を加熱していくと，**融点に達したときにとけ始める**。その後，しばらくの間は温度が上がらず一定になっているところがあるよね。ここは，一部はとけて液体となっていて，一部はまだとけずに固体のままの状態になっているんだ。つまり，**液体と固体が混ざっている状態**だよ。全部とけて液体になると，再び温度が上昇していき，沸点に達すると，**沸とう**が始まる。ここでも，しばらくは温度が一定になっているところがあるよね。ここは，**液体と気体が混ざっている状態**だよ。そして，加熱を続けていき，すべて気体になると，再び温度が上昇していくんだ。

ポイントはどこでしょうか？

まずは，温度が変化せず一定になっているところは，**2つの状態のものが混ざり合っているとき**で，**温度が上昇しているときは，1つの状態**ということ。そして，このように温度が一定になっているところがあるグラフになるのは，**純粋な物質を加熱したとき**ということだよ。

純粋な物質でないときはどうなるのですか？

混合物を加熱したときは，次の「蒸留」のところで学習していくよ。

蒸　留

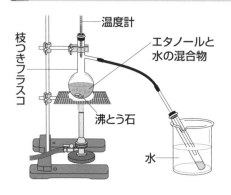

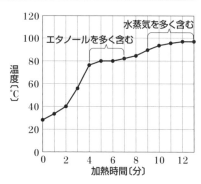

水とエタノールの混合物を加熱した場合を見ていこう。

> 先生，温度が一定になっている部分がないときは
> どうすれば……？

　そうなんだ。**混合物は加熱しても温度が一定になるところがない**んだよ。エタノールの沸点は78℃，水は100℃だから，最初に出てくる気体は，**エタノールを多く含んでいる**んだ。そのあと，100℃近くなったときは**水蒸気を多く含む気体**が出てくるんだ。出てくる気体は「エタノールだけ」「水蒸気だけ」ということはなく，混ざり合って出てくることもおさえておこう。

> 実験をするときに注意することはありますか？

　3つあるよ。1つ目は，**沸とう石を入れて加熱する**こと。沸とう石を入れて加熱することで，**突沸（急な沸とう）を防ぐ**ことができるんだ。2つ目は，**温度計の球部（温度をはかる部分）を枝の高さに合わせる**こと。これは，**発生した気体の温度をより正確に測定するため**なんだ。そして，3つ目は，**ガラス管を発生した液体の中に入れない**こと。入れている状態で加熱をやめると，**発生した液体が逆流してしまうから**だよ。

　上の左側の図のようにして，**沸点の違いを利用して液体の混合物を分離させること**を蒸留というんだ。

テーマ 25 原子と分子，化学式，化学反応式

中1 中2 中3

■■■ イントロダクション ■■■

◆ **原子と分子** ➡ 元素記号と化学式を覚えよう。炭素や硫黄，金属は元素記号と化学式が同じになるよ。大文字か小文字かにも注意しよう。

◆ **化学反応式** ➡ 反応前後での原子の数に注目して係数をそろえられるようにしよう。

原子と分子

【原子】

　物質をつくっているもっとも小さい粒子のことを**原子**というよ。すべての物質はこの原子からできているんだ。現在発見されているだけでも118種類あって，113種類目の原子は，日本にちなんで「ニホニウム」と名付けられたんだよ。

　原子は非常に小さいんだ。例えば，水素の原子の直径は，0.00000001cmなんだ。つまり1cmの1億分の1の大きさになるんだ。この原子が組み合わさって物質ができているんだよ。原子には次の性質があるんだ。

❶ それ以上分解することができない（化学的に）。

❷ ほかの種類の原子に変わったり，なくなったりしない。また，新しくできない（化学的に）。

❸ 原子の種類によって大きさや質量が決まっている。

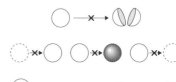

【分子】

　物質の性質を表す最小単位のことを**分子**というんだ。**分子をつくる物質**と**分子をつくらない物質**とがあるんだ。一般に常温の状態で気体や液体の物質は分子をつくるものが多いんだ。また，すべての金属や金属を含む化合物は分子をつくらないものが多いんだよ。

分子をつくる物質…水素，酸素，窒素，二酸化炭素，水，アンモニアなど

分子をつくらない物質…鉄，銅，銀，塩化ナトリウム，酸化銅，酸化銀など

単体と化合物

　物質には，1種類の元素からできているものと2種類以上の元素からできているものがあるんだ。**1種類の元素からできている物質**を単体，**2種類以上の元素からできている物質**を化合物と呼んでいるよ。2種類以上の元素が結びついてできている**化合物は分解することができる**んだ。

　水素や酸素は1種類の元素からできた単体だよ。水素を空気中で燃やすと酸素と結びついて水ができるんだ。つまり，水は「水素」と「酸素」の2種類の元素が結びついてできている化合物なんだよ。

　また，水と食塩（塩化ナトリウム）を混ぜ合わせると食塩水ができるよね。食塩水は，水と食塩が混ざり合ったものだよね。このように2種類の物質が混ざり合った状態のものを**混合物**というんだ。混合物と化合物の区別をしっかりしておこう。

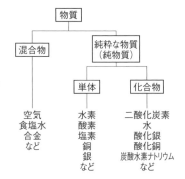

元素記号と化学式

　原子の種類のことを元素といって，アルファベットを用いた**元素記号**で表すんだ。この記号は全世界共通なんだよ。そして，物質を元素記号と数字を用いて表したものを**化学式**というよ。

　水素の元素記号は H で表され，水素分子（気体の水素）は水素原子が2個結びついてできているから H の右下に小さく2を書いて，H_2 と表すんだ。水は，水素原子2個と酸素原子1個が結びついてできているから H_2O と表すんだよ。H_2o のように酸素の元素記号が小文字にならないように気をつけよう。

●主な元素記号

水素	H
炭素	C
酸素	O
窒素	N
硫黄	S
塩素	Cl
カリウム	K
アルミニウム	Al
ナトリウム	Na
マグネシウム	Mg
カルシウム	Ca
鉄	Fe
銅	Cu
亜鉛	Zn
銀	Ag

金属…□

●主な化学式

水素	H_2	硫酸	H_2SO_4
炭素	C	炭酸ナトリウム	Na_2CO_3
酸素	O_2	炭酸水素ナトリウム	$NaHCO_3$
窒素	N_2	炭酸カルシウム	$CaCO_3$
硫黄	S	水酸化バリウム	$Ba(OH)_2$
塩素	Cl_2	水酸化ナトリウム	$NaOH$
水	H_2O	水酸化カルシウム	$Ca(OH)_2$
二酸化炭素	CO_2	カリウム	K
塩化水素	HCl	アルミニウム	Al
アンモニア	NH_3	ナトリウム	Na
酸化銀	Ag_2O	マグネシウム	Mg
酸化銅	CuO	カルシウム	Ca
酸化マグネシウム	MgO	鉄	Fe
塩化銅	$CuCl_2$	銅	Cu
硫化鉄	FeS	亜鉛	Zn
硫化銅	CuS	銀	Ag

化学反応式

化学変化を化学式を用いて表したものが化学反応式だ。左辺には反応前の物質、右辺には反応後の物質を書いて表すよ。そして、化学反応式は化学反応が進んでいる向きが大切だから、＝（等号）ではなく ⟶（矢印）を使うよ。

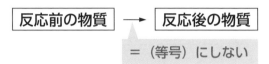

反応前の物質 ⟶ 反応後の物質

＝（等号）にしない

【化学反応式の書き方】

化学反応式を書くときは、次の手順で書くんだ。

❶ 反応の様子を言葉で書く

❷ 物質を化学式で書く

❸ 原子の数を合わせる

例）銅の酸化

❶ 銅 ＋ 酸素 ⟶ 酸化銅 ←反応を言葉で書く

❷ $Cu + O_2 \longrightarrow CuO$ ←原子の数がそろっていない

> 反応前Cu：1個　O：2個
> 反応後Cu：1個　O：1個

❸ $\square Cu + \square O_2 \longrightarrow \square CuO$ ←原子の数をそろえるときは、化学式の前に係数を書く

$\square Cu + \square O_2 \longrightarrow 2CuO$ ←酸素の数をそろえるために右辺のCuOを2倍する

> 反応前Cu：1個　O：2個
> 反応後Cu：2個　O：2個

$2Cu + \square O_2 \longrightarrow 2CuO$ ←右辺を2倍したことにより、銅の数が合わなくなったので、左辺の銅を2倍

$2Cu + O_2 \longrightarrow 2CuO$ ←反応前と反応後で原子の数がそろった

> 反応前Cu：2個　O：2個
> 反応後Cu：2個　O：2個

主な化学反応式

●炭酸水素ナトリウムの熱分解

$$2NaHCO_3 \longrightarrow Na_2CO_3 + H_2O + CO_2$$

●酸化銀の熱分解

$$2Ag_2O \longrightarrow 4Ag + O_2$$

●水の電気分解

$$2H_2O \longrightarrow 2H_2 + O_2$$

●塩酸の電気分解

$$2HCl \longrightarrow H_2 + Cl_2$$

●塩化銅水溶液の電気分解

$$CuCl_2 \longrightarrow Cu + Cl_2$$

●鉄と硫黄の化合

$$Fe + S \longrightarrow FeS$$

●銅と硫黄の化合

$$Cu + S \longrightarrow CuS$$

●銅の酸化

$$2Cu + O_2 \longrightarrow 2CuO$$

●炭素の燃焼

$$C + O_2 \longrightarrow CO_2$$

●水素の燃焼

$$2H_2 + O_2 \longrightarrow 2H_2O$$

●メタンの燃焼（有機物を燃焼させたときの例）

$$CH_4 + 2O_2 \longrightarrow CO_2 + 2H_2O$$

●酸化銅の炭素による還元

$$2CuO + C \longrightarrow 2Cu + CO_2$$

●酸化銅の水素による還元

$$CuO + H_2 \longrightarrow Cu + H_2O$$

●塩酸と水酸化ナトリウムの中和

$$HCl + NaOH \longrightarrow NaCl + H_2O$$

●硫酸と水酸化バリウムの中和

$$H_2SO_4 + Ba(OH)_2 \longrightarrow BaSO_4 + 2H_2O$$

●塩酸とマグネシウムの反応

$$2HCl + Mg \longrightarrow MgCl_2 + H_2$$

●水酸化カルシウム（石灰水）と二酸化炭素の反応

$$Ca(OH)_2 + CO_2 \longrightarrow CaCO_3 + H_2O$$

テーマ26 化合と分解

中1 中2 中3

■■◀ イントロダクション ▶■■

◆ 実験装置の図と合わせて覚えよう。

◆ 実験前と実験後の物質の性質の違いや色をおさえよう。

◆ 実験をする上での注意事項を理由も合わせて覚えよう。

化　合

2つ以上の物質が結びついて**性質の異なる1つの物質ができる化学変化**を化合というよ。

$$\boxed{物質A} + \boxed{物質B} \longrightarrow \boxed{物質C}$$

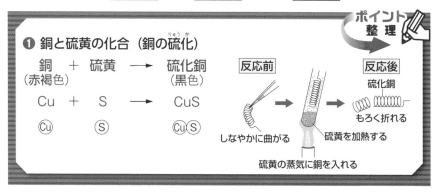

ポイント整理

❶ 銅と硫黄の化合（銅の硫化）

銅　+　硫黄　⟶　硫化銅
（赤褐色）　　　　（黒色）

Cu + S ⟶ CuS

Ⓒⓤ　　Ⓢ　　　ⒸⓤⓈ

反応前　しなやかに曲がる　硫黄の蒸気に銅を入れる　硫黄を加熱する

反応後　硫化銅　もろく折れる

試験管に硫黄を入れて，加熱した硫黄の蒸気中に銅を入れると，銅と硫黄が化合して，**硫化銅**ができるよ。

反応前の銅に力を加えると，**しなやかに曲がる**けれど，反応後の硫化銅に力を加えると，**もろく折れる**よ。

この実験から何がわかるんですか？

化合の前後ではまったく別の物質になり，その物質の性質も異なるんだ。

この実験のように，化合のうち，硫黄と化合する化学変化を特に**硫化**と呼ぶよ。硫化によってできた物質のことを**硫化物**というんだ。

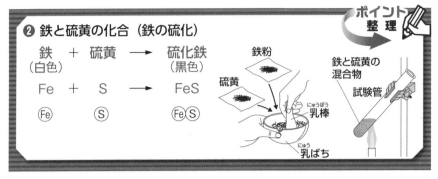

❷ 鉄と硫黄の化合（鉄の硫化）

$$鉄 \ + \ 硫黄 \ \longrightarrow \ 硫化鉄$$
（白色）　　　　　　　　　　　（黒色）

$$Fe \ + \ S \ \longrightarrow \ FeS$$

　上の図のように鉄と硫黄の粉末を混ぜて試験管に入れて加熱すると，鉄と硫黄が化合して**硫化鉄**ができるよ。

> 混合物を加熱するときは，どのように行うんですか？

　この実験をするときは，ガスバーナーで混合物の**上部を加熱**して，上部が赤くなり**反応が始まったらガスバーナーの火を消す**んだ。

　鉄と硫黄が化合するときに**熱（反応熱）が発生**するから，火を消しても反応熱によって化合がどんどん進んでいくんだよ。試験管の底を加熱すると反応熱がこもって試験管が割れたり，混合物が飛び出したりするおそれがあるので注意しよう。

> 「反応前の鉄と硫黄の混合物」と「反応後の硫化鉄」はどのようにして違いを確認するんですか？

　反応前の鉄と硫黄を混ぜたものは混合物で，**鉄と硫黄がただ混ざっている状態**だ。だから，**磁石を近づけると，鉄が磁石につく**んだ。

　反応後は，鉄と硫黄が結びついて**硫化鉄**という鉄や硫黄とは別の1つの物質ができる。だから，**硫化鉄に磁石を近づけてもつかない**んだ。また，塩酸を入れると，反応前は**鉄と塩酸が反応して水素が発生**するんだ。反応後の硫化鉄に塩酸を加えると，**卵の腐ったようなにおい（腐卵臭）のある硫化水素**が発生するよ。この気体は有毒だから，においをかぐときは**手であお**ぐようにしてかぐんだ。

	（反応前） 鉄と硫黄の混合物	（反応後） 硫化鉄
磁石を近づける	鉄が磁石につく	つかない
塩酸を入れる	水素が発生	硫化水素が発生

分　解

1つの化合物がいくつかの物質に分かれる化学変化を**分解**というよ。分解には，いくつかの方法があって，熱を加えて化合物を分解する方法を**熱分解**，電流を流して分解する方法を**電気分解**と呼んでいるんだ。

物質A ⟶ 物質B ＋ 物質C

物質A ⟶ 物質B ＋ 物質C ＋ 物質D

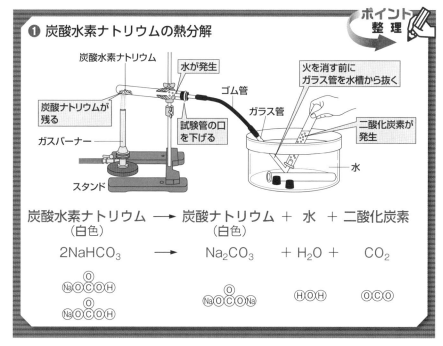

❶ 炭酸水素ナトリウムの熱分解

炭酸水素ナトリウムは白色の粉末で，加熱すると**炭酸ナトリウム**（固体），**水**（液体），**二酸化炭素**（気体）の3つに分解されるんだ。

発生した物質は，どのようにして確認するんですか？

反応前の炭酸水素ナトリウムと反応後の固体である炭酸ナトリウムはどちらも白色の粉末で区別しにくいので，「**水への溶け方**」と「**フェノールフタレイン溶液の変化**」の違いを比べて判断するよ。

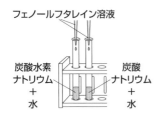

溶　質	炭酸水素ナトリウム	炭酸ナトリウム
水への溶け方	少し溶ける	よく溶ける
フェノールフタレイン溶液を入れたとき	うすい赤色	濃い赤色
性　質	弱いアルカリ性	強いアルカリ性

試験管の口に発生した液体が水であることを調べるには，**塩化コバルト紙**をつけて**青色**から**赤色**に変化することを確認するよ。

水槽に入れた試験管に集まった気体が二酸化炭素であることを調べるためには，**石灰水を入れて振ると，白くにごる**ことを確認しよう。

 この実験をする際に注意することはありますか？

この実験では注意することが2つあるんだ。出題されやすいからしっかり覚えておこう。

1つ目は，炭酸水素ナトリウムを入れた**試験管の口を少し下げる**んだ。この実験では，液体が発生するよね。口を下げていないと発生した液体（水）が加熱部に流れ込んで，温度変化や試験管内の圧力が大きくなることで試験管が割れるおそれがあるんだ。

2つ目は，実験をやめるときに，**火を消す前にガラス管を水槽から抜いておく**必要があるんだ。加熱をやめると加熱していた試験管の温度が下がって，管内の圧力が下がり，水槽の水が逆流するおそれがあるんだ。

少し　くわしく　📖 炭酸水素ナトリウム

炭酸水素ナトリウムは**重曹**ともいって，さまざまな用途で使われているんだ。日常では，汚れを落とすのに重宝されている。

また，料理に使われる**ベーキングパウダー**の成分にもなっているよ。ケーキ生地は膨らむよね？　これは，ベーキングパウダーに含まれている炭酸水素ナトリウムから二酸化炭素が発生するからなんだよ。

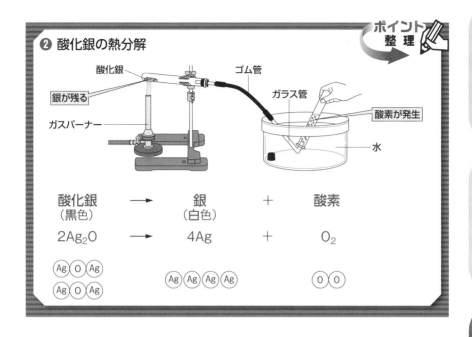

❷ 酸化銀の熱分解

| 酸化銀
（黒色） | → | 銀
（白色） | ＋ | 酸素 |

$$2Ag_2O \longrightarrow 4Ag + O_2$$

酸化銀を試験管に入れて加熱すると，**銀と酸素**に分解されるよ。試験管には銀が残り，水槽に入れた試験管には酸素が集まる。

酸素は水にあまり溶けない性質だから**水上置換法**で集めるよ。

> 発生した物質は，どのようにして調べるんですか？

銀は金属だから，**試験管の底でこすると光沢が出る**んだ。そのほかの金属の性質（延性，展性，電流を通す）で確認することもできるよ。

酸素は，集まった試験管に**火のついた線香を近づけると炎をあげて燃える**（激しく燃える）ことで確認ができるよ。

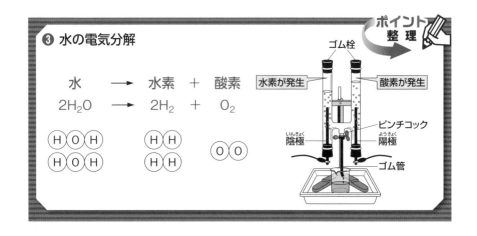

❸ 水の電気分解

水　　→　水素　＋　酸素
$2H_2O$　→　$2H_2$　＋　O_2

ゴム栓
水素が発生
酸素が発生
ピンチコック
陰極　陽極
ゴム管

　H形ガラス管に**水酸化ナトリウム**を溶かした水を入れて，電圧をかけると陰極側に**水素**，陽極側には**酸素**が発生する。

　純粋な水は電流を通さないので，**電流を流しやすくするために水酸化ナトリウムを溶かす**んだ。

　発生する体積比は，水素：酸素＝**2：1**になるよ。上の図を見てもわかるように，陰極側に発生している気体のほうがたくさん集まっているよね。

> 水素はどのように調べればいいんでしたっけ？

　水素は，**マッチの炎を近づけると爆発して燃える**（ポンと音を出して燃える）よ。

> 先生！　ピンチコックって実験のときは，どのようにすればいいんですか？

　説明してなかったね。電圧をかけると気体が発生するよね。そうすると，試験管内の圧力が大きくなって，試験管が割れたり，ゴム栓が外れたりするおそれがあるから，**電圧をかけるときはピンチコックを開く**んだ。電圧をかけないときは，閉めておくよ。

テーマ ㉗ 酸化と還元

■┣╋ イントロダクション ╋┣■

◆ **酸化** ➡ 銅やマグネシウムの酸化は反応式やモデル図でおさえておこう。また，色の変化にも注目しよう。有機物の燃焼では，有機物に炭素と水素が含まれていることに注目しよう。

◆ **還元** ➡ 炭素によるものや水素によるものがあるよ。還元が起こるときは，同時に酸化も起こっていることに注目しよう。

▶ 酸 化

物質が酸素と化合することを**酸化**といって，酸化によってできた物質を**酸化物**というよ。酸化には，熱や光を出しながら酸素と激しく結びつく場合がある。これを**燃焼**というんだ。金属がさびるのも酸化の一種だよ。だから，さびは酸化物ということになるね。

$$\boxed{物質} + \boxed{酸素} \longrightarrow \boxed{酸化物}$$

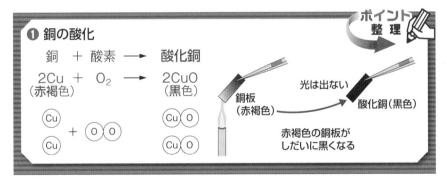

ポイント整理

❶ 銅の酸化

銅 ＋ 酸素 ⟶ 酸化銅

$2Cu + O_2 \longrightarrow 2CuO$
（赤褐色）　　　（黒色）

光は出ない

銅板（赤褐色）　　酸化銅（黒色）

赤褐色の銅板がしだいに黒くなる

赤褐色の銅板をガスバーナーで加熱すると，だんだん色が黒くなっていき，**黒色の酸化銅**ができる。これが銅の酸化だよ。ほかにも，銅の粉末をステンレス皿に入れて，かき混ぜながら加熱することでも酸化銅ができるんだ。これらの反応は，光を出さないので燃焼とはいわないよ。銅の粉末をステンレス皿に入れて加熱する場合は，**酸素と触れる面積を大きくするために粉末を広げてかき混ぜながら行う**んだ。そうすることで酸

化しやすくなるんだ。

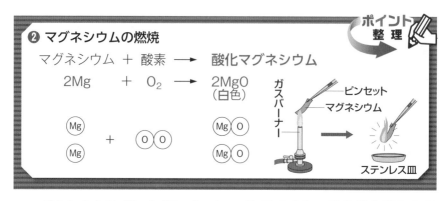

❷ マグネシウムの燃焼

マグネシウム ＋ 酸素 ⟶ 酸化マグネシウム

2Mg ＋ O$_2$ ⟶ 2MgO
（白色）

マグネシウムリボンをガスバーナーで加熱すると，**光や熱を出しながら激しく燃えて，白色の酸化マグネシウムができるよ**。酸化鉄，酸化銅などは黒色だけど，酸化マグネシウムは白色であり，出題されやすいから覚えておこう。

❸ 有機物の燃焼

有機物 ＋ 酸素 ⟶ 水 ＋ 二酸化炭素

有機物とはどんな物質だったか覚えているかな。

炭素を含む物質です。
炭素や二酸化炭素は有機物ではないんですよね。

そうだね。**有機物は炭素を含む化合物**なんだけれど，多くの有機物は**水素も含んでいる**んだ。上の図のようにエタノールを集気びんの中で燃焼させると，集気びんの**内側がくもる**。これは，エタノールに含まれる**水素が酸素と化合して水ができた**からなんだ。水を調べるには，塩化コ

バルト紙を使ったよね。**塩化コバルト紙が青色→赤色に変化することで水の発生が確認できる**よ。そして，燃焼させたあとの集気びんに**石灰水を入れて振ると，白くにごる**。このことから，二酸化炭素が発生したことがわかるんだよ。

このように，エタノールを燃焼させると**水が発生することから，エタノールには水素が含まれていることがわかる**し，**二酸化炭素が発生したことから炭素が含まれている**ことがわかるんだ。

還　元

●炭素による還元

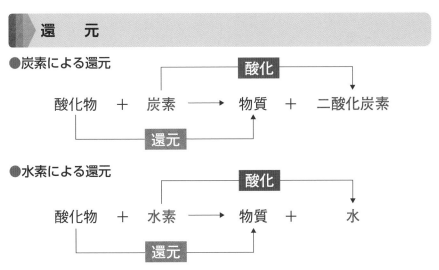

●水素による還元

酸化銀は加熱によって銀と酸素に分解されることを学習したよね。銀は酸素との結びつきが弱いので，酸化銀の場合は加熱するだけで銀と酸素に分かれたんだ。それに比べると，銅や鉄は酸素との結びつきが強いから，酸化銅や酸化鉄は加熱しても分解されないんだ。そこで，**還元**という方法によって金属と酸素に分けるんだ。**酸化物から酸素が奪われる化学変化を還元という**よ。

どうやって，還元するんですか？

還元するときは，酸素との結びつきの強い**炭素**や**水素**を使うんだ。

例えば，酸化銅に炭素を入れて加熱する。そうすると，**炭素は酸化銅と結びついていた酸素を奪い取って二酸化炭素になる**。水素の場合は，

水素と酸素が化合して水ができるんだ。そうすると，酸化銅が還元されて単体の銅を取り出すことができるんだよ。

 炭素や水素が酸化されたってことですね。

その通り。**還元が起こるときは，同時に酸化が起こる**んだ。

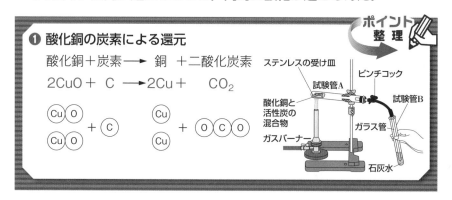

ポイント 整理

❶ 酸化銅の炭素による還元

酸化銅＋炭素 ⟶ 銅 ＋二酸化炭素

$$2CuO + C \longrightarrow 2Cu + CO_2$$

ステンレスの受け皿
ピンチコック
試験管A
酸化銅と活性炭の混合物
試験管B
ガラス管
ガスバーナー
石灰水

酸化銅と活性炭（炭素）の混合物を試験管に入れて加熱すると，炭素は酸化銅から酸素を奪い取って酸化し，二酸化炭素ができる。試験管Aには，還元された銅が残る。そのときに発生した気体は，ガラス管を通り試験管Bの石灰水を白くにごらせるので，二酸化炭素であることが確認できるんだ。

 実験上の注意点はありますか？

実験を終了するときは次の手順で行うんだ。
❶ 火を消す前にガラス管を石灰水から抜く
❷ ピンチコックを閉じる

❶は炭酸水素ナトリウムの熱分解でもあったように，**石灰水の逆流を防ぐため，**❷は**銅が再び酸化されないようにするため**なんだ。ピンチコックを閉じないと，ガラス管を通って試験管Aに空気が入っていくよね。そうすると，空気中の酸素によって銅が再び酸化してしまうんだ。

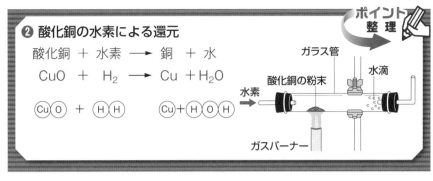

上の図のようにガラス管の中に酸化銅を入れて，水素を送り込みながら加熱すると，水素が酸化銅から酸素を奪い取って酸化して，水ができるんだ。そして，ガラス管の中には，還元されてできた銅が残るんだよ。

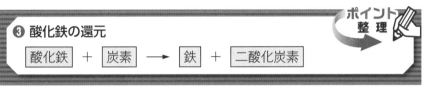

赤鉄鉱や磁鉄鉱などの鉄鉱石には酸化鉄が含まれていて，この鉄鉱石を
コークス(炭素)で還元することで，鉄を取り出しているんだ。

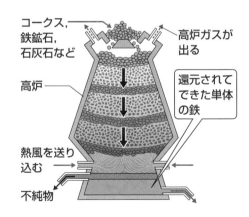

28 化学変化と熱エネルギー

■▪■ イントロダクション ■▪■
◆ **発熱反応** ➡ 燃焼や中和は，代表的な発熱反応だよ。
◆ **吸熱反応** ➡ 塩化アンモニウムと水酸化バリウムの反応が有名だよ。

発熱反応

燃焼のように，化学変化が起こると周囲に熱を出すことがある。これを**発熱反応**というよ。**燃焼**や**中和**反応は，発熱反応だよ。発熱反応は，化学カイロやお弁当をあたためるときなどに利用されているよ。

物質A ＋ … ⟶ 物質B ＋ … ＋ 熱

● 化学カイロ（発熱反応）

冬になると使い捨てカイロを使う人を見かけるようになるよね。使い捨てカイロは発熱反応を利用したもので，理科では「化学カイロ」と呼んでいるんだ。化学カイロは，鉄が緩やかに酸化するときに，発生する熱を利用しているものだよ。

右の図のように鉄粉と活性炭を混ぜたものに食塩水を加えると，鉄が酸化して熱が発生するんだ。鉄粉と一緒に活性炭を入れるのは，**鉄粉と酸素を結びつきやすくするため**なんだよ。そして，食塩水を入れるのは，**反応速度を速めるため**なんだ。

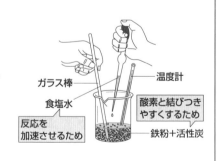

ガラス棒
温度計
食塩水
酸素と結びつきやすくするため
反応を加速させるため
鉄粉＋活性炭

● 塩酸と水酸化ナトリウム水溶液（発熱反応）

塩酸に水酸化ナトリウム水溶液を加えると、塩化ナトリウムと水ができる。塩酸は酸性、水酸化ナトリウム水溶液はアルカリ性だ。これらを混ぜ合わせると、お互いの性質を打ち消し合う**中和**反応が起こるんだ。この反応も発熱反応だよ。

水酸化ナトリウム水溶液

うすい塩酸

吸熱反応

発熱反応とは反対に、化学変化をするときに周囲から熱を奪い、周囲の温度を下げる**吸熱反応**もある。

物質C ＋ … ＋ 熱 ⟶ 物質D ＋ …

● 塩化アンモニウムと水酸化バリウム

塩化アンモニウムと水酸化バリウムをビーカーに入れて、かき混ぜると、周囲の熱を奪う吸熱反応が起こるよ。この実験では、アンモニアが発生する。アンモニアは刺激臭があるよね。そして水に溶けやすい性質もあるから、ぬれたろ紙をかぶせて吸収しているんだよ。

ぬれたろ紙

ガラス棒　　温度計

塩化アンモニウム　　水酸化バリウム

塩化アンモニウム＋水酸化バリウム ⟶ 塩化バリウム＋アンモニア＋水

$$2NH_4Cl + Ba(OH)_2 \longrightarrow BaCl_2 + 2NH_3 + 2H_2O$$

テーマ 29 化学変化と質量

■:■:■ イントロダクション ■:■:■

◆ **質量保存の法則** ➡ 反応前後で質量の総和は変わらない。

◆ **化学変化と質量** ➡ 銅やマグネシウムが酸素と結びつくときの質量比は覚えておこう。

質量保存の法則

　化学変化は原子が結びつく組み合わせが変わるだけで，原子の種類と数は変わらなかったよね。だから，**反応前後での質量の総和は等しい**んだ。これを**質量保存の法則**というよ。

　ただ，気体が発生する化学変化では実験後の質量が減少することがあるんだ。それは，発生した気体が空気中に逃げていくからなんだ。逃げていった気体の質量を含めて考えれば，質量保存の法則は成り立っている。発生した気体が逃げないように密閉した容器内で実験すれば，もちろん質量は保存される。

　また，空気中の酸素と化合するような実験では，化合した酸素の質量の分だけ増加する。これも化合した酸素の量を含めて考えれば，質量保存の法則が成り立っているよ。

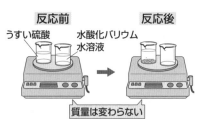

反応前　　　　　　反応後
うすい硫酸　　水酸化バリウム水溶液

質量は変わらない

【沈殿ができる化学変化】

　うすい硫酸に水酸化バリウム水溶液を入れると**白色**の**沈殿**ができるんだ。このときは，反応前と反応後で質量の総和は変化しないよ。

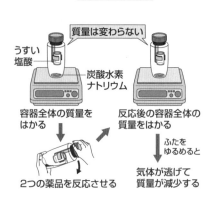

質量は変わらない

うすい塩酸　　　　炭酸水素ナトリウム

容器全体の質量をはかる　　反応後の容器全体の質量をはかる

2つの薬品を反応させる

ふたをゆるめると

気体が逃げて質量が減少する

【気体が発生する化学変化】

　うすい塩酸と炭酸水素ナトリウム

を反応させると二酸化炭素が発生する。このとき，密閉容器内で反応させると実験前後で質量の総和は変わらないが，**ふたをゆるめると二酸化炭素が逃げていき，その分だけ軽くなる**んだ。

化学変化と質量

【銅の酸化】

　銅粉をかき混ぜながら，十分に加熱して空気中の酸素と化合させたときの，銅とそのときにできた酸化銅の質量をグラフに表したものが，右の図だよ。

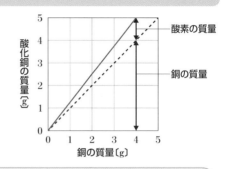

　何がわかるんですか？

　銅の質量が4gのときの酸化銅の質量は5gになるよね。そうすると，4gの銅と化合した酸素の質量は，5g−4g＝1gとなるんだ。ここから，4gの銅は1gの酸素と化合して，5gの酸化銅ができたことがわかるんだよ。

【マグネシウムの燃焼】

　マグネシウムリボンをガスバーナーで燃焼させると酸化マグネシウムができるよね。このときのマグネシウムと酸化マグネシウムの質量を表したものが右のグラフだよ。

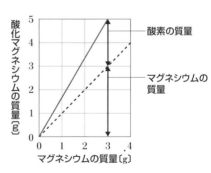

　マグネシウムの質量が3gのときの酸化マグネシウムの質量は5gだよね。だから，3gのマグネシウムと化合する酸素の質量は5g−3g＝2gとなるんだ。ここから，3gのマグネシウムは2gの酸素と化合して，5gの酸化マグネシウムができたことがわかるんだ。

このように，物質が化合するときは，一定の割合で化合するんだ。特に銅の酸化とマグネシウムの燃焼は，出題されやすいから次の質量比を覚えておくといいよ。

ポイント整理

● 銅の酸化

	銅	+	酸素	⟶	酸化銅
質量比	4	:	1	:	5

● マグネシウムの燃焼

	マグネシウム	+	酸素	⟶	酸化マグネシウム
質量比	3	:	2	:	5

【酸化銅の炭素による還元】

　4.0gの酸化銅に0.1gの炭素の粉末を混ぜたものを試験管に入れて，ガスバーナーで加熱して，実験後に試験管内に残った物質の質量を測定した。さらに同様の実験を炭素の質量を変えながら行った。右のグラフはそのときの炭素の質量と試験管内に残った物質の質量の関係を表したものだ。

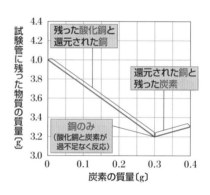

どこに注目すればいいですか？

　グラフの形が変化しているところに注目するんだ。このグラフでは炭素の質量が0.3gのところだよ。炭素0.3gを入れたときに試験管に残った物質が3.2gとなっているよね。このときに**酸化銅と炭素が過不足なく反応している**んだ。つまり，4.0gの酸化銅に0.3gの炭素を入れて還元すると3.2gの銅が取り出されるんだよ。

減少した0.8gはどうなったんですか？

0.8gは，銅と化合していた酸素の質量なんだ。この酸素は0.3gの炭素と化合して，1.1gの二酸化炭素になって空気中に逃げていったんだよ。

　炭素を0.3gより多く入れたときに試験管に残った質量が増加しているのは，還元に使われなかった炭素がそのまま容器内に残っているからなんだ。

【塩酸と石灰石の反応】

　ある濃度の塩酸20cm³に石灰石を1.0g入れて反応させたときに発生した気体の質量を測定した。これと同じ濃度の塩酸20cm³を用意して，石灰石の質量を2.0g，3.0g，4.0gと変えて同じ実験を行った。右のグラフは，このときの石灰石の質量と発生した気体の質量の関係を表したものだ。

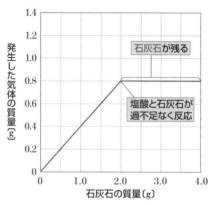

　この実験で発生した気体は，二酸化炭素だ。ここでのポイントは，過不足なく反応しているところを読み取ることだ。この実験では**塩酸20cm³に石灰石2.0gを加えたとき過不足なく反応して，0.8gの二酸化炭素が発生**しているんだ。

　だから，石灰石の質量が2.0gまでは，二酸化炭素の質量は石灰石の質量に比例するんだよ。また，石灰石を2.0gより多く加えても発生する二酸化炭素の質量は変化しないんだ。

問 題　炭酸水素ナトリウムと5%の塩酸を反応させると気体が発生した。このときの質量の変化を調べるために，次の(a)〜(c)の手順で実験を行った。表は，その結果をまとめたものである。各問に答えよ。

〈実験〉
(a)　ビーカーAには炭酸水素ナトリウム1.0g，ビーカーBには5%の塩酸35cm^{3}をそれぞれ入れ，全体の質量をはかる。

(b)　ビーカーBの5%の塩酸を，ビーカーAに加えて十分に反応させたあと，全体の質量をはかる。

(c)　5%の塩酸の量は変えず，炭酸水素ナトリウムの質量を2.0g，3.0g，4.0g，5.0g，6.0gに変え，(a)，(b)と同様の操作を行う。

炭酸水素ナトリウムの質量〔g〕	1.0	2.0	3.0	4.0	5.0	6.0
(a)ではかった質量〔g〕	202.2	203.2	204.2	205.2	206.2	207.2
(b)ではかった質量〔g〕	201.7	202.2	202.7	203.2	204.2	205.2

(1)　この実験において，炭酸水素ナトリウムの質量と発生した気体の質量の関係を表したグラフとして適切なものを，次のア〜エから1つ選んで，その記号を書きなさい。

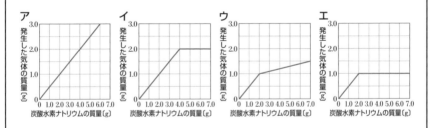

(2)　この実験の結果から，炭酸水素ナトリウム7.5gに，5%の塩酸56cm^{3}を加えて反応させるとき，発生する気体は何gか，小数第一位まで求めなさい。

〈兵庫県・改〉

解　説

(1) 反応前後での質量の差が，発生した二酸化炭素の質量になる。

炭酸水素ナトリウムの質量〔g〕	1.0	2.0	3.0	4.0	5.0	6.0
(a)ではかった質量〔g〕	202.2	203.2	204.2	205.2	206.2	207.2
(b)ではかった質量〔g〕	201.7	202.2	202.7	203.2	204.2	205.2
質量の差〔g〕	0.5	1.0	1.5	2.0	2.0	2.0

(2) 過不足なく反応しているところを読み取ると，塩酸 $35cm^3$ に炭酸水素ナトリウムを 4.0g 加えたときに，2.0g の二酸化炭素が発生していることがわかる。塩酸を $56cm^3$ にした場合は，$\dfrac{56cm^3}{35cm^3} \times 4.0g = 6.4g$ の炭酸水素ナトリウムと過不足なく反応する。したがって，発生する二酸化炭素は，$\dfrac{56cm^3}{35cm^3} \times 2.0g = 3.2g$ となる。

　7.5g のうち，7.5g − 6.4g = 1.1g の炭酸水素ナトリウムは反応せずに余ることに注意しよう。

解　答　(1) **イ**　(2) **3.2g**

30 イ オ ン

■■ イントロダクション ■■

◆ 原子とイオン ➡ イオンのつくりをおさえた上で，イオン式をしっかりと覚えておこう。

◆ 電解質と非電解質 ➡ 非電解質を覚えておこう。

◆ 電離 ➡ それぞれの物質が電離した様子を覚えよう。

原子とイオン

【原子のつくり】

　原子は，中心にある1つの**原子核**とそのまわりをぐるぐる回っているいくつかの**電子**からできているんだ。

　原子核をさらに細かく見ていくと，**＋の電気をもつ陽子**，**電気をもたない中性子**からできているよ。

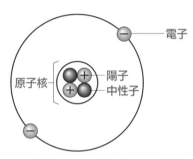

　右の図は，ヘリウム原子のモデル図だ。＋の電気をもつ陽子と－の電気をもつ電子が2個ずつあるから，＋と－が同じ数あるよね。だから，原子は±0の状態なんだ。この状態を**電気を帯びていない**というよ。

【イオンのつくり】

　イオンは，原子が電子を失ったり，受け取ったりして，電気的に偏りをもったもののことなんだ。つまり，**原子が電気を帯びたもの**を**イオン**と呼んでいるんだ。では，イオンの構造を見ていこう。

　原子核のまわりを回っている電子は＋と－のどちらの電気をもっていたっけ？

　　　電子は－（マイナス）の電気ですよね？

　そうだよね。原子核のまわりを回っている電子は，原子の外に飛び出し

たりすることがあるんだ。反対に，ほかの原子から飛び出した電子を受け取ることもあるんだよ。そうすると電気を帯びていなかった原子が，＋が多くなったり，－が多くなったりするよね。

原子
（電気を帯びていない）

電子を
放出する

＋の電気を帯びる
⇒陽イオン

原子
（電気を帯びていない）

電子を受け取る

－の電気を帯びる
⇒陰イオン

原子が電子を放出すると全体で**＋の電気を帯びる**よね。このように**＋の電気を帯びたものを陽イオン**というよ。また，**－の電気を帯びたものを陰イオン**というよ。

【イオン式】

イオン式は，原子の記号の右上に＋，－のどちらの電気をいくつ帯びているかを書いて表すよ。

例えば，水素イオンは，水素原子が電子を1個放出して＋の電気を帯びたものだから，水素の原子の記号Hの右上に＋と書いて表すんだ。ちなみに，**数字の1は省略するよ**。塩化物イオンは電子を1個受け取って－の電気を帯びたものだから，右上に－と書いて表すよ。

アンモニウムイオン，塩化物イオン，水酸化物イオンは名称も間違えずに覚えよう。

陽イオン				陰イオン	
水素イオン	H^+	銅イオン	Cu^{2+}	塩化物イオン	Cl^-
ナトリウムイオン	Na^+	亜鉛イオン	Zn^{2+}	水酸化物イオン	OH^-
カリウムイオン	K^+	マグネシウムイオン	Mg^{2+}	硝酸イオン	NO_3^-
銀イオン	Ag^+	バリウムイオン	Ba^{2+}	硫酸イオン	SO_4^{2-}
アンモニウムイオン	NH_4^+	カルシウムイオン	Ca^{2+}	炭酸イオン	CO_3^{2-}

少し くわしく
同位体（アイソトープ）

同じ元素の原子で，陽子の数は同じだけど，中性子の数が異なる原子どうしのことを**同位体**というよ。

電解質と非電解質

　水の電気分解では，水酸化ナトリウムを少し溶かしたよね。これは，電流を流れやすくするためだったよね。このように，水に溶かしたときに電流が流れる物質は水酸化ナトリウム以外にもあるんだ。

　例えば，食塩がそうなんだ。だから，食塩水には電流が流れるんだよ。水に溶かしたときに電流が流れる物質はほかにも，塩化水素，塩化銅などたくさんの物質があるよ。

> 反対に電流が流れない物質にはどんなものがあるんですか？

　代表的なものに**エタノール**，**砂糖（ショ糖）**があるんだ。この2つはしっかり覚えておこう。このように，水に溶かしたときに水溶液に電流が流れる物質を**電解質**，流れない物質を**非電解質**というんだ。ちなみに，水に溶けない物質は，ふつうどちらとも呼ばないよ。

　そして，電解質を溶かしてできた水溶液を**電解質水溶液**，非電解質を溶かした水溶液を**非電解質水溶液**と呼んでいるよ。

　身近なものでは，酢，しょうゆ，雨水，水道水，果汁，清涼飲料水などでは，電流が流れるよ。純粋な水（精製水，蒸留水）は，電流が流れないので，これも覚えておこう。

溶質	水溶液	電流
食塩（塩化ナトリウム）	食塩水	○
塩化水素	塩酸	○
塩化銅	塩化銅水溶液	○
砂糖	砂糖水	×
エタノール	エタノール水溶液	×
―	純粋な水 （精製水，蒸留水）	×

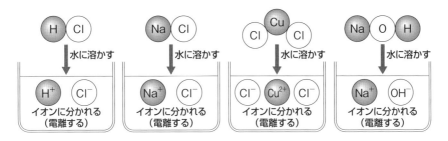

電解質とは水に溶けると水溶液に電流が流れる物質のことだよね。水に溶けた電解質は，陽イオンと陰イオンに分かれるんだ。このように**電解質が水に溶けて陽イオンと陰イオンに分かれることを**電離というんだ。

【電離の様子を表した式】

・塩化水素の電離

塩化水素　　　　　水素イオン　　　塩化物イオン

$$HCl \longrightarrow H^+ + Cl^-$$

・塩化ナトリウムの電離

塩化ナトリウム　　ナトリウムイオン　塩化物イオン

$$NaCl \longrightarrow Na^+ + Cl^-$$

・塩化銅の電離

塩化銅　　　　　　銅イオン　　　　塩化物イオン

$$CuCl_2 \longrightarrow Cu^{2+} + 2Cl^-$$

・水酸化ナトリウムの電離

水酸化ナトリウム　　ナトリウムイオン　水酸化物イオン

$$NaOH \longrightarrow Na^+ + OH^-$$

テーマ ㉛ 電気分解，化学電池

中1 中2 中3

■:■ イントロダクション ■:■

◆ 電気分解 ⇒ 塩酸の電気分解と塩化銅水溶液の電気分解は頻出実験。

◆ 化学電池 ⇒ 化学電池のしくみをおさえよう。

電気分解

　まず，塩酸の電気分解から学習していこう。うすい塩酸を H 形ガラス管に入れて電圧を加えると，電気分解が起こって，**水素**と**塩素**に分解される。

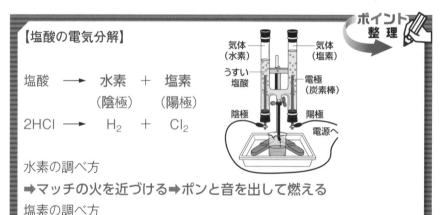

【塩酸の電気分解】

塩酸 ⟶ 水素 ＋ 塩素
　　　　　（陰極）　（陽極）

2HCl ⟶ H₂ ＋ Cl₂

水素の調べ方

➡マッチの火を近づける➡ポンと音を出して燃える

塩素の調べ方

➡インクをひたしたろ紙を近づける➡色がうすくなる（漂白作用）

　塩酸は塩化水素が水に溶けた水溶液だったよね。塩酸の中では**塩化水素**が水に溶けて**水素イオン**と**塩化物イオン**に**電離**しているんだ。電極を入れて電圧をかけると，陽イオンである**水素イオン**は**陰極**に引き寄せられ，陰イオンである**塩化物イオン**は**陽極**に引き寄せられる。

　　引き寄せられたイオンはどうなるんですか？

　引き寄せられたイオンは，**電極で電子を放出したり，受け取ったりする**んだ。

●陰極での様子　　　　　　　　●陽極での様子

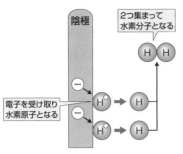
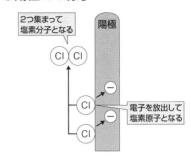

　陽極に引き寄せられた**塩化物イオンは，電子を放出する**。そうすると，塩化物イオンは**塩素原子**となるんだ。そして，塩素原子が2個結びついて**塩素分子**(気体の塩素)となるんだよ。だから，**陽極では塩素が発生する**んだ。

　陽極で放出された電子は，導線を通って陰極側に移動するんだよ。

　陰極では，引き寄せられた水素イオンが陽極から移動してきた**電子を受け取り，水素原子**となるんだ。そして，水素原子が2個結びついて**水素分子**(気体の水素)となるんだ。だから，**陰極では水素が発生**するよ。

　発生した気体の性質や調べ方もおさえておこう。

　水素と塩素は体積1：1の割合で発生するんだけれど，塩素は水に溶けやすいから，集まった量では水素より少なくなるんだ。集まった**塩素にインクにひたしたろ紙を近づけると色がうすくなる**よ。

　水素の調べ方は，よく出てくるから知っていると思うけど，一応確認しておこう。**マッチの炎を近づけるとポンと音を出して燃える**よ。

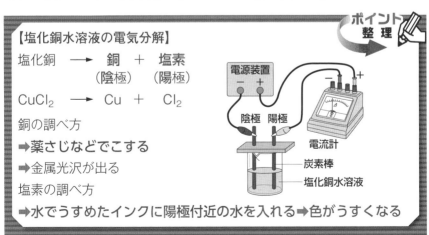

塩化銅は，水溶液中で銅イオンと塩化物イオンに電離する。塩化銅水溶液に炭素棒を入れて電圧をかけると，銅イオンは陰極に引き寄せられ，塩化物イオンは陽極に引き寄せられる。ここでも，塩酸の電気分解と同じように電子の受け渡しがあって，**陰極では銅が付着**し，**陽極では塩素が発生**するんだ。

おさえておいたほうがよいポイントはありますか？

塩化銅水溶液は**青色**の水溶液だよ。だけど，電気分解を進めていくと，**水溶液の色がうすくなっていく**んだ。青色の正体は銅**イオン**だからなんだけれど，電気分解を進めていくと銅イオンが銅になるよね。だから，**色がうすくなる理由は銅イオンが減少するから**なんだ。

化学電池とイオン化傾向

【化学電池】

うすい塩酸に亜鉛板と銅板を入れて，電子オルゴールをつなぐと，電子オルゴールが鳴るんだ。このように物質のもっている**化学エネルギーを電気エネルギーとして取り出す装置**を化学電池というよ。

では，もう少しくわしく見ていこう。この化学電池のしくみもイオンで説明できるんだ。

まず，**亜鉛が電子を放出して亜鉛イオンになる（溶け出す）**。放出された電子は導線を通って銅板側へ移動するんだ。銅板では，塩化水素が電離して生じた**水素イオンが電子を受け取って水素原子となり，水素が発生**する。

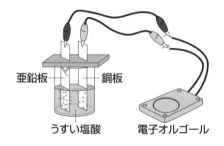

亜鉛板　　　銅板

うすい塩酸　　　電子オルゴール

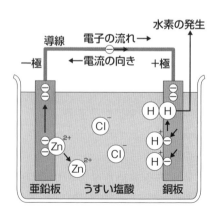

水素の発生

導線　　電子の流れ→

−極　　←電流の向き　　＋極

亜鉛板　　うすい塩酸　　銅板

電子の流れは**亜鉛板→導線→銅板**となるけど，電流の向きは電子の流れと反対なので，**銅板→導線→亜鉛板**となるんだ。つまり，この電池では，**銅板が＋極**で，**亜鉛板が－極**となるんだよ。

> ほかの水溶液や金属に変えても電流は流れますか？

　電流が流れるものと流れないものがあるよ。**砂糖水，エタノール水溶液，純粋な水（蒸留水・精製水）では流れない**よ。そして，電極は，**2種類の異なる金属**を使用すること。**同じ種類だと電圧が生じないので電流は流れない**よ。

> 金属を銅板と亜鉛板以外の組み合わせにしたときには，
> ＋極と－極はどうなりますか？

　それは，**イオン化傾向**で決まるんだ。マグネシウムやアルミニウム，亜鉛などの金属は，電子を放出して陽イオンになる。**異なる種類の金属を塩酸などに入れると，イオンになりやすいほうが溶けて陽イオンになる**んだ。このイオンへのなりやすさを**イオン化傾向**というんだ。イオン化傾向は下のようになるよ。

$$Mg > Al > Zn > Fe > (H) > Cu > Ag > Au$$

　左にいくほど，イオンになりやすいので**－極**になりやすく，右にいくほど**＋極**になりやすいんだ。だから，亜鉛と銅の組み合わせでは，亜鉛板が－極で，銅板が＋極になったんだよ。

ダニエル電池

● ボルタ電池のモデル

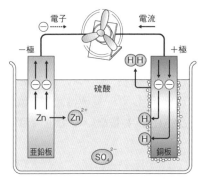

● ダニエル電池のモデル

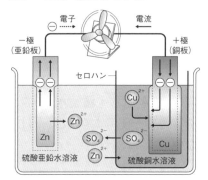

　うすい塩酸に亜鉛板と銅板を入れた電池では，＋極側（銅板）に水素が発生したよね。電池を使い続けていくと，発生した水素が銅板のまわりに溜まっていくんだ。そうすると，銅板に溜まった水素が邪魔をして，水溶液中の水素イオンが銅板から電子を受け取りにくくなる。そうすると，電圧が低下して電池としての役割が果たせなくなる問題点があるんだ。ボルタが考えた**ボルタ電池**も同じような問題点があったため実用化されなかったんだ。

　この問題点を解決するためにつくられたのが**ダニエル電池**だ。

　ダニエル電池は，**亜鉛板を硫酸亜鉛水溶液，銅板を硫酸銅水溶液**に入れて，この２種類の水溶液をセロハンでしきったつくりになっているんだ。

　この電池では，まず**イオン化傾向の大きい亜鉛が電子を放出して亜鉛イオン**となって硫酸亜鉛水溶液中に溶け出す。放出された電子は導線を通って，銅板側に移動し，**硫酸銅水溶液中の銅イオンが電子を受け取って銅**となって銅板に付着する。銅板に銅が付着するから何も問題ないんだ。このようにして電流を取り出しているんだよ。

> 大きな流れは，前に学習した電池と同じですね。
> ところで，セロハンは何のためにあるんですか？

　１つ目は，**２種類の水溶液が混ざり合わないようにするため**だよ。２種類の水溶液が混ざり合うと，水溶液中にある銅イオンが亜鉛板側に移動し，亜鉛から電子をうばって銅になる反応が亜鉛板側のみで起こり，電流

が流れなくなってしまうんだよ。

2つ目は，**水溶液中の電気的なバランスをとるため**なんだ。電池を使い続けると，亜鉛板側（－極側）では亜鉛イオン（Zn^{2+}）が増加し，銅板側（＋極側）では硫酸イオン（SO_4^{2-}）が増加するので，電気的な偏りが出てくるんだ。セロハンにはイオンが通り抜けることができる小さな穴があいていて，この穴を通って亜鉛イオン（Zn^{2+}）が銅板側（＋極側），硫酸イオン（SO_4^{2-}）が亜鉛板側（－極側）に移動することでバランスをとっているんだよ。

> 他にダニエル電池でおさえておくことはありますか？

ある工夫をすると，電池をより長く使えるようになることをおさえておこう。その工夫とは，**2種類の水溶液の濃度を変える**ことなんだ。

電池を使い続けると，それぞれの電極では次のような反応が起こるよね。

> 亜鉛板側（－極側）→亜鉛が溶けて，亜鉛イオンになる⇒**亜鉛イオンが増える**
>
> 銅板側（＋極側）→銅イオンが電子を受けとって，銅になる⇒**銅イオンが減少する**

濃度の**うすい硫酸亜鉛水溶液**と濃度の**濃い硫酸銅水溶液**を用いると，より長く電池が使えるようになるんだよ。

いろいろな電池

一次電池は，**充電できない電池**で，リチウム電池やアルカリマンガン電池などがあるよ。これらは，イオンになる物質がなくなると使えなくなるんだ。

二次電池は，充電できる電池で，車のバッテリーに使われている**鉛蓄電池**や携帯電話で使われている**リチウムイオン電池**などがあるよ。

燃料電池は，水の電気分解の逆の反応を利用したもので，**環境にやさしい発電**として注目されていて，電気自動車などに利用されているんだ。

■・■**イントロダクション**■・■

◆ 酸とアルカリ ➡ 水素イオンと水酸化物イオンに注目しよう。また，酸とアルカリ
の性質もおさえておこう。

◆ 中和 ➡ 「中和＝中性になった」ではないのでしっかり理解しておこう。また，水溶液
中のイオンの数の変化もおさえておこう。

酸とアルカリ

　塩酸や硫酸は酸性の水溶液，アンモニア水や石灰水，水酸化ナトリウム
水溶液はアルカリ性の水溶液だったよね。水溶液の性質は，イオンと深い
関係があるんだ。ここでは，酸性とアルカリ性の水溶液について学んでい
くよ。

　酸性やアルカリ性の水溶液は，**すべて電流が流れる電解質水溶液**なん
だ。電解質水溶液ということは，溶けている物質は水溶液中で電離してい
る(イオンに分かれている)ということだよね。

　酸性の水溶液には**水素イオン**，アルカリ性の水溶液には**水酸化物イオ
ン**が必ず含まれていて，実は，この水素イオンと水酸化物イオンが，それ
ぞれ酸性，アルカリ性の正体なんだ。

　水に溶けて，**水素イオン**(H^+)を生じる物質を**酸**といって，その水溶液
は**酸性**を示すんだ。だから，「～酸」という名前の物質の水溶液は酸性を
示すんだよ。

酸 　　　　　⟶ 　水素イオン ＋ 　陰イオン

塩化水素（塩酸）の電離　HCl 　⟶ 　H^+ ＋ Cl^-
硫酸の電離　　　　　　　H_2SO_4 ⟶ $2H^+$ ＋ $SO_4{}^{2-}$

【酸性の水溶液】
◆**青色リトマス紙**が**赤色**に変化する
◆**BTB溶液**が**黄色**に変化する

◆フェノールフタレイン溶液は**無色のまま**
◆電流が流れる
◆マグネシウムを入れると**水素**が発生する

　水に溶けて，**水酸化物イオン**（OH⁻）を生じる物質を**アルカリ**といって，その水溶液は**アルカリ性**を示すんだ。だから，「水酸化●●」という名前の物質の水溶液はアルカリ性を示すんだよ。

$$アルカリ \longrightarrow 陽イオン + \boxed{水酸化物イオン}$$

水酸化ナトリウムの電離　$NaOH \longrightarrow Na^+ + OH^-$
水酸化バリウムの電離　　$Ba(OH)_2 \longrightarrow Ba^{2+} + 2OH^-$

【アルカリ性の水溶液】
◆**赤色**リトマス紙が**青色**に変化する
◆BTB溶液が**青色**に変化する
◆電流が流れる
◆フェノールフタレイン溶液が**赤色に変化する**
◆マグネシウムを入れても水素は発生しない

	酸性	中性	アルカリ性
青色リトマス紙	赤色に変化	変化しない	変化しない
赤色リトマス紙	変化しない	変化しない	青色に変化
BTB溶液	黄色	緑色	青色
フェノールフタレイン溶液	（無色）	（無色）	赤色
pH試験紙	赤色◀━オレンジ色	緑色	青色◀━▶濃い青色

イオンの移動

　ここでは，イオンが移動する様子を確認する実験を見ていくよ。

　右の図のように，硝酸カリウム水溶液をしみこませたろ紙の両側をクリップでとめ，その上に赤色リトマス紙と青色リトマス紙を置く。中央に塩酸をしみこませたろ紙をおいて，電圧をかけると，青色リトマス紙の一部が赤色に変化するんだ。

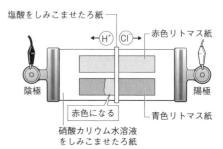

塩酸をしみこませたろ紙　赤色リトマス紙　H^+　Cl^-　陰極　陽極　赤色になる　青色リトマス紙　硝酸カリウム水溶液をしみこませたろ紙

> どうして赤色に変化したんですか？

　青色リトマス紙が赤色になったことから，酸性の水溶液が陰極側に移動したことはわかるよね。電圧をかけると，塩酸（HCl）が電離して生じた水素イオン（H^+）は＋の電気を帯びているので陰極側に，塩化物イオン（Cl^-）は－の電気を帯びているので陽極側に移動するんだ。

　このことから，青色リトマス紙の陰極側が赤色に変化したのは，水素イオン（H^+）によるものであることがわかるんだ。つまり，この実験から，**酸の性質は水素イオンによるもの**であることがわかるんだよ。

　次は，中央に水酸化ナトリウム水溶液をしみこませたろ紙を置いて電圧をかけた場合を見ていこう。この場合は，赤色リトマス紙の一部が青色に変化しているよね。

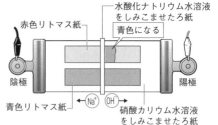

水酸化ナトリウム水溶液をしみこませたろ紙　赤色リトマス紙　青色になる　陰極　陽極　青色リトマス紙　Na^+　OH^-　硝酸カリウム水溶液をしみこませたろ紙

　水酸化ナトリウムが電離して生じたナトリウムイオン（Na^+）は陰極側に，水酸化物イオン（OH^-）は陽極側に移動するんだ。このことから，赤色リトマス紙の陽極側が青色に変化したのは，水酸化物イオン（OH^-）によるものであることがわかるんだ。つまり，この実験から，**アルカリの性質は水酸化物イオンによるもの**であることがわかるんだよ。

中　和

　酸性の水溶液とアルカリ性の水溶液を混ぜ合わせると，**水素イオンと水酸化物イオンが結びついて水ができ，お互いの性質を打ち消し合う**んだ。この反応を**中和**と呼んでいるよ。

$$H^+ \ + \ OH^- \ \longrightarrow \ H_2O$$

　この反応では，水以外に**酸の陰イオン**と**アルカリの陽イオン**が結びついてできる物質があるんだ。その物質のことを**塩**というよ。

●**いろいろな中和反応**

$$\underset{\text{塩酸}}{HCl} \ + \ \underset{\text{水酸化ナトリウム}}{NaOH} \ \longrightarrow \ \underset{\text{塩化ナトリウム}}{NaCl} \ + \ \underset{\text{水}}{H_2O}$$

$$\underset{\text{硫酸}}{H_2SO_4} \ + \ \underset{\text{水酸化バリウム}}{Ba(OH)_2} \ \longrightarrow \ \underset{\text{硫酸バリウム}}{BaSO_4} \ + \ \underset{\text{水}}{2H_2O}$$

　塩酸と水酸化ナトリウムの中和でできる塩は塩化ナトリウム，硫酸と水酸化バリウムの中和でできる塩は硫酸バリウムだよ。

【中和とイオン】

　塩酸に水酸化ナトリウム水溶液を少しずつ加えていったときの水溶液中に含まれるイオンの様子を表すと，次のようになるんだ。

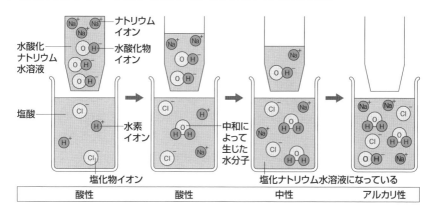

| 酸性 | 酸性 | 中性 | アルカリ性 |

最初は，塩酸中に水素イオンと塩化物イオンが電離している。そこに水酸化ナトリウム水溶液を加えると，水素イオンと水酸化物イオンが結びついて中和されるので，水素イオンの数は減少するんだ。水溶液中ではナトリウムイオンと塩化物イオンは電離したままなんだ。だから，塩化物イオンの数は減少せず，ナトリウムイオンの数は増加していく。さらに水酸化ナトリウム水溶液を加えていき，完全に中和されると水溶液中の水素イオンが0になるんだ。その後さらに水酸化ナトリウム水溶液を加えると，水溶液中の水酸化物イオンの数は増加していくんだ。

　このときのイオンの数の変化をグラフで表すと次のようになるよ。

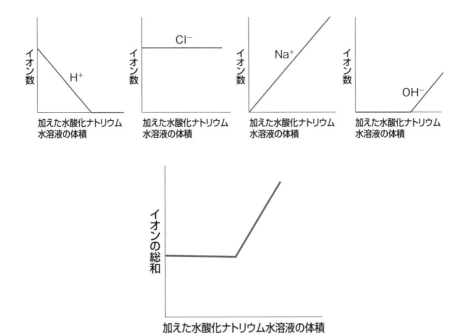

少し くわしく

中和と中性

　酸性の水溶液にアルカリ性の水溶液を少しでも加えると中和は起こるんだ。「中和＝中性になった」ではないので，勘違いしないようにしよう。混ぜ合わせた水溶液が中性になるまで中和は続き，中性になると中和は起こらなくなるんだ。

テーマ ㉝ 光の進み方，凸レンズ

イントロダクション

◆ **光の性質** ⇒ 反射する光の道すじをかけるようにしよう。
◆ **凸レンズ** ⇒ 光源を置く位置とできる像の関係5パターンを覚えよう。

光の性質

ここでは，光の性質について学んでいこう。

【光の直進・反射】

　真っ暗な部屋では何も見ることはできないけれど，蛍光灯をつければいろいろなものが見えるようになるよね。蛍光灯や太陽のように自ら光を出しているものを**光源**という。光源から出た光は，まっすぐ進むんだ。これを**光の直進**というよ。直進してきた光が目に入ってくることで，光っている光源を見ることができているんだよ。

　光源以外の物体では，光源からの光が，物体の表面で跳ね返っている。これを**光の反射**と呼んでいるよ。反射した光が目に入ってくることで，物体が見えているんだ。

　図は，鏡での光の反射の様子だよ。鏡に入ってくる光を**入射光**，跳ね返った光を**反射光**，そして，法線と入射光の間にできる角を**入射角**，法線と反射光の間にできる角を**反射角**といって，**入射角と反射角は必ず等しくなる**。これを**反射の法則**と呼んでいるよ。

　法線は，境界面に対して垂直に立てた直線のことだよ。

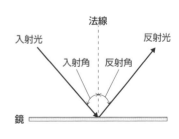

【鏡に映る像（光）が目に入るまでの道すじの作図】

　鏡に映る像（光）が目に入るまでの道すじの作図のしかたを学ぼう。作図のしかたは次の3ステップだよ。

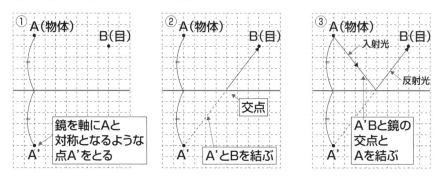

【光の屈折】

　コップにストローをさしてジュースを飲もうとしたとき，ストローが折れ曲がっているように見えた経験はあるかな？　光は空気中から水中など，異なる物質に斜めに入射すると，直進せずに折れ曲がって進んでいくんだ。これを**光の屈折**という。屈折したあとの光を**屈折光**，法線と屈折光の間にできる角を**屈折角**というよ。

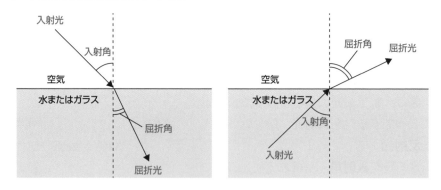

　屈折は，空気と水（ガラス）の組み合わせを覚えておけば大丈夫。上の左側の図は「空気から水（ガラス）」に入射したときのものだよ。このときは，「入射角＞屈折角」となるように屈折するんだ。右側の図は「水（ガラス）から空気」に入射したときだ。この場合は，「入射角＜屈折角」となるように屈折するんだ。

空気と水（ガラス）の組み合わせのときは，「必ず**空気のほうにできる角が大きくなる**」と覚えておけばいいよ。

> 境界面に垂直に入射した場合はどうなるんですか？

境界面に対して，**垂直に入射すると屈折せずに直進する**んだ。

例えば，図のような半円形のガラスで「中心に向かって入射するとき」，「中心に入射させたとき」や直方体のガラスに「垂直に入射するとき」だよ。

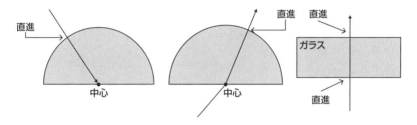

【全反射】

光が水（ガラス）から空気中へ進むとき，入射角を大きくしていくと，屈折角が90°になるときがある。さらに入射角を大きくすると，屈折角が90°より大きくなるので，光は空気中に出ていかなくなって，**屈折せずにすべて反射する**んだ。これを**全反射**というよ。例えば，ガラスから空気中へ進む場合だと，入射角が約43°以上で全反射が起こるよ。

全反射の現象を利用したものに**内視鏡**や**光ファイバー**があるんだ。

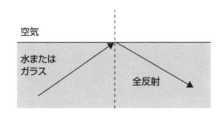

光の分散

　みんなは七色の美しい虹を見たことがあるよね。ちなみに七色はどんな色か知っているかな？　七色は，**赤・橙・黄・緑・青・藍・紫**のことで，このように異なる色の光が合わさった太陽光が雨粒に反射して見えるのが虹なんだよ。

　太陽光のように，さまざまな色の光が合わさった光を**白色光**というんだけど，図のように三角柱のガラスでできたプリズムに白色光を入射させると，2回屈折するんだ。

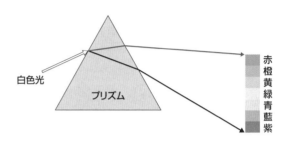

　このとき，光の種類（色）によって屈折角の大きさが異なることで，光が分離して七色に見えるんだよ。この現象を**光の分散**というんだよ。

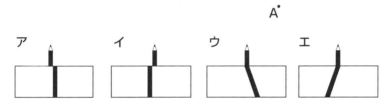

問 題 図は，透明な直方体のガラスを置き，少し離れたところにペンを立てたときの様子を真上から見た図である。ガラスに対してペンと反対側の A の位置からペンを見たときの図としてもっとも適切なものを，ア〜エのうちから選びなさい。

ペンの位置 •

ガラス

解 説 ペンから出てガラスを通る光は，下の図のように 2 回屈折して A に届くんだ。だけど，ガラスを通して目に入ってくる光は，その延長線上から届いているように見えるんだよ。そうすると，実際のペンの位置とガラスを通して見るペンの位置が異なっているから，この場合は，**ア**のように見えるよ。

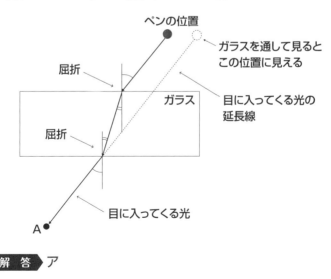

解 答 ア

凸レンズ

　虫眼鏡や顕微鏡などに使われているような中央部に厚みをもったレンズを**凸レンズ**というんだ。ここでは，凸レンズを通る光の進み方を学習していこう。

　レンズの中心を通り，レンズ面に垂直な直線を**光軸**というんだ。光軸に平行な光を凸レンズに当てると，光は屈折して光軸上のある1点で交わる。この点を**焦点**という。焦点はレンズの両側にあって，レンズの中心と焦点との距離を**焦点距離**というんだ。

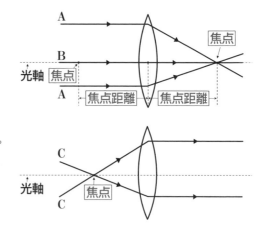

　次に光の進み方を見ていこう。凸レンズを通る光には次のような特徴があるよ。

A　光軸に平行な光は，焦点を通るように屈折する

B　凸レンズの中心を通る光は，屈折せず直進する

C　焦点を通った光は，凸レンズで屈折したあと，光軸に平行に進む

少しくわしく　凸レンズでの屈折

作図では1回　　　実際は2回

　作図するときは，凸レンズで1回屈折しているようにかいているけれど，実際は図のように2回屈折しているんだよ。

【凸レンズによってできる像】

① 焦点距離の2倍の位置に置いた場合

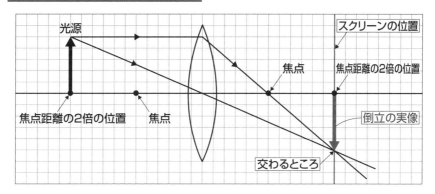

光源 スクリーンの位置 焦点 焦点距離の2倍の位置 焦点距離の2倍の位置 焦点 倒立の実像 交わるところ

　まず，基本となるのが光源を「① **焦点距離の2倍の位置**」に置いた場合。ここをおさえることが，凸レンズに関する問題ではもっとも重要だから頑張っていこう。凸レンズによってつくられる像を考えるときは，「**光軸に平行に進む光**」と「**凸レンズの中心を通る光**」の2つを考えるんだ。

　光軸に平行に進む光は，焦点を通るように屈折し，凸レンズの中心を通る光は直進する。そうすると，交わるところがあるよね。この位置にスクリーンを置くと，**鮮明な像が映る**んだ。この場合，**焦点距離の2倍の位置にスクリーンを置く**んだ。

　この像は，光源とは上下左右が逆さまになっているので，倒立の**実像**というんだ。逆立ちのことを倒立っていうよね。つまり，上下左右が逆さまの実像という意味だよ。また，図を見ればわかるように，この場合は「**実像の大きさ＝光源の大きさ**」になっている。

　ここで，「光源の位置」と「そのときにできる像」，「像の大きさ」そして「スクリーンの位置」の4点に注目してもう一度整理してみよう。

> 「焦点距離の2倍の位置に光源を置いた場合，光源と反対側の焦点距離の2倍の位置にスクリーンを置くと，光源と同じ大きさの（倒立の）実像が映る」という理解であってますか？

　素晴らしい，完璧ですね。これからは，このことを説明上「**基本の位置**」と呼ぶことにするね。

次は，基本の位置から光源を動かしたときを考えていこう。

② 焦点距離の2倍より遠ざけた場合

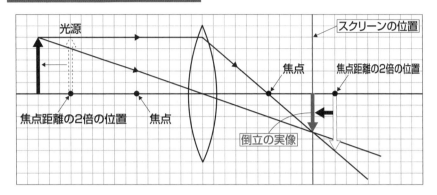

　上の図は，光源を**基本の位置より凸レンズから遠ざけた場合**を表しているよ。遠ざけるので，この図でいえば光源を左に動かした場合だ。そうすると，像のできる位置（スクリーンの位置）も**基本の位置から左に動く**んだ。そして，**実物よりも小さな実像**が映るんだ。

③ 焦点距離の2倍より近づけた場合

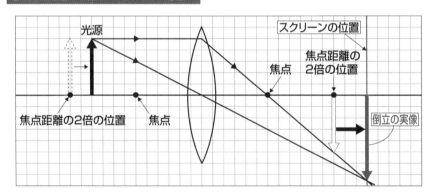

　上の図は，光源を**基本の位置より凸レンズに近づけた場合**を表しているよ。光源をレンズに近づけるので，この図でいえば光源を右に動かしているよね。そうすると，像のできる位置（スクリーンの位置）も**基本の位置から右に動く**んだ。そして，**実物よりも大きな実像**が映るんだ。

④ 焦点の位置に置いた場合

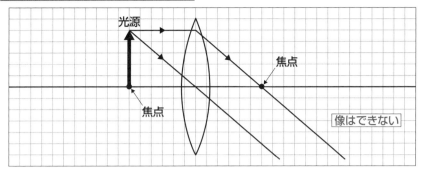

光源

焦点

焦点

像はできない

　上の図は，光源を**焦点に置いたとき**だ。凸レンズで屈折した光と中心を通った光が，平行になっているよね。光源の先端から出た光が集まらないので，スクリーンを置いても**像が映らない**よ。

⑤ 焦点よりレンズに近づけた場合

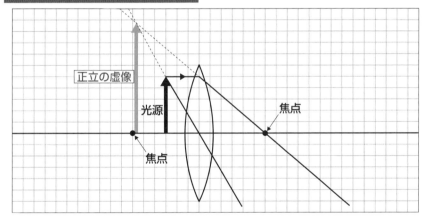

正立の虚像

光源

焦点

焦点

　上の図は，光源をさらに凸レンズに近づけて**焦点と凸レンズの間に光源を置いたとき**だ。凸レンズで屈折した光と中心を通った光は，どんどん離れていき交わらないので，このときもスクリーンに像が映らないんだよ。ただ，2つの光を反対側に延長していくと交わる点があるよね。レンズを通して光源を見ると，光源の先端から出た光が破線の交わった点から届いているように見えるんだ。このように物体と上下左右が同じ向き（正立）で，**レンズを通して実物より大きく見える像**を虚像というよ。

問　題　凸レンズによる像のでき方について調べるために，【実験】を行った。(1)～(3)の各問に答えなさい。

【実験】

図１のように，光学台の上に，光源（3色の発光ダイオード）を取り付けた透明な板，焦点距離10cmの凸レンズ，スクリーンを並べた。次に，

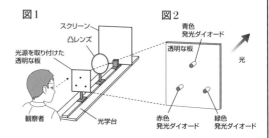

図1

図2

光源を取り付けた透明な板と凸レンズの間の距離を15cmにして，スクリーンをある位置に動かすと，実物より大きな像がスクリーン上にはっきりとできた。

なお，観察者は図1の位置から見るものとする。また，3色の発光ダイオードは，観察者側から見ると図2のように配置され，凸レンズ側に向かって光が進むように取り付けている。ただし，発光ダイオードにつなぐ導線や電源は省略している。

(1)　観察者の位置から見ると，【実験】の下線部の像はどのように見えるか。最も適当なものを，右のア～エの中から１つ選び，記号を書きなさい。

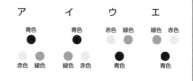

(2)　図3は，【実験】の下線部のときについて，光源を取り付けた透明な板と凸レンズ，スクリーンの位置を模式的に表したものである。また，図中の実線の矢印（→）は，青色発光ダイオードから出る，ある光の道すじを表している。その光が

図3

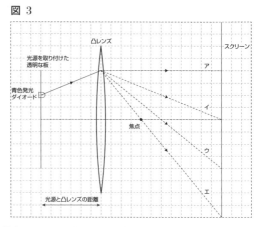

凸レンズを通ったあとの道すじとしてもっとも適当なものを，図3のア～エの中から１つ選び，記号を書きなさい。

(3) 次の文は，【実験】の光源を取り付けた透明な板と，凸レンズの間の
距離を変化させる場合について述べたものである。文中の（ ① ），
（ ② ）に当てはまる語句の組み合わせとしてもっとも適当なものを，
下のア～エの中から１つ選び，記号を書きなさい。

　凸レンズの位置を固定したまま，光源を取り付けた透明な板と凸レンズ
の間の距離を 15cm から 12cm にする。その後，スクリーンを（ ① ）
ように動かすと，再びスクリーン上にはっきりとした像ができる。このとき，
この像の大きさは【実験】の下線部でできた像に比べて（ ② ）なる。

	①	②
ア	凸レンズに近づける	小さく
イ	凸レンズに近づける	大きく
ウ	凸レンズから遠ざける	小さく
エ	凸レンズから遠ざける	大きく

〈佐賀県・改〉

解説

(1) 凸レンズによってできる実像は，同じ方向から見ると上下左右が逆さまになる。
この場合も観察者の位置から見ているので，上下左右が逆さまなものを選べばよ
い。ちなみに，見るのが逆方向からのときは，上下だけ逆さまに見える。

(2) 青色発光ダイオードから出た光が，スクリーン上で像を結ぶ。つまり，発光ダ
イオードから出た光は１点に集まるので，凸レンズの中心を通る光を考えればい
いんだ。

(3) 光源を動かしたときは，スクリーンも同じ向きに動かすと鮮明な像ができる。
この場合，スクリーンを凸レンズから遠ざければいい。

解答 (1) エ　(2) ウ　(3) エ

■■■ **イントロダクション** ■■■

◆ **音** ➡ オシロスコープで読み取った波形から音の高低や大小を判断できるようにしよう。

◆ **力** ➡ 力の種類や力のはたらきを覚えよう。

音の性質

音さや太鼓など音を出す物体を**音源**というんだ。音さや太鼓をたたくと，音が聞こえるよね。これは，**振動**が音さや太鼓→空気→耳の順に**波**として伝わっていくからなんだ。音は**空気などの気体**はもちろん，水などの**液体**，金属などの**固体の中**も伝わるよ。ただ，伝えるものがない**真空中では伝わらない**よ。空気中の音の速さは，**約340m/s**だから覚えておこう。

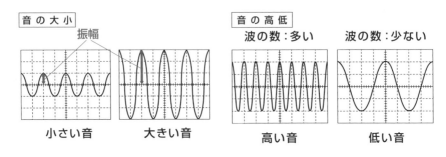

音 の 大 小		音 の 高 低	
振幅		波の数：多い	波の数：少ない
小さい音	大きい音	高い音	低い音

オシロスコープを使うと，音は上の図のように波として見ることができるんだ。このとき，波の幅を**振幅**といって，**振幅が大きいほど音が大きく，小さいほど音が小さい**んだ。また，右側の図のように，一定時間あたりの**波の数が多いほど高い音になり，少ないほど低い音になる**んだ。1秒間の波の数のことを**振動数(Hz)**というんだ。だから，**振動数が多いほど音は高くなる**んだよ。

【弦の様子と音の高低】

　モノコードの弦と音の高低の関係は，表のようになっているよ。

　弦の長さをことじで調節して，弦を**短くすると高い音**になり，**長くすると低い音**になるんだ。ほかにも，弦の太さや張り方で，音の高低が変わるんだ。弦は**細いと高い音**になり，弦を**強く張ると高い音**になるんだよ。

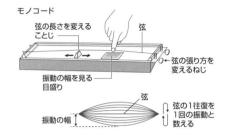

	高い音	低い音
弦の長さ	短い	長い
弦の太さ	細い	太い
弦の張り方	強い	弱い

力のはたらき

　力のはたらきは次の3つがあるんだ。

❶ **物体の形を変える**（のびる，へこむ，つぶれるなど）

❷ **物体を支える**（落ちないようにする，つり上げたままにするなど）

❸ **物体の運動の様子を変える**（動き出す，止まる，動く向きが変わるなど）

　このうち，1つでも当てはまるとき，物体に力がはたらいているといえるんだ。

【いろいろな力】

　力には，ふれあってはたらく力や離れていてもはたらく力などがあるよ。

【ふれあってはたらく力】

❶ **弾性力**……ばねなどの変形した物体がもとに戻ろうとする力

❷ **垂直抗力**……面に接している物体が，面から受ける力

❸ **摩擦力**……物体の運動を妨げるようにはたらく力（運動の向きと反対向き）

【離れていてもはたらく力】

❶ **磁力（磁石の力）**……引き合ったり，しりぞけ合ったりする力

　　　　　　　　　鉄を引きつける力

❷ **重力**…地球が物体を引く力

❸ **電気の力**…異なる種類の電気どうしでは引き合い，同じ種類の電気
どうしではしりぞけ合う力

【力の表し方と力の単位】

　力は，**作用点**(力のはたらいている点)，**力の大きさ**，**力の向き**を矢印
で表すんだ。**重力は**，物体の各点に均一にはたらいているけれど，**物体の
中心(重心)を作用点とした1本の矢印で表す**んだよ。力の単位は**N**
(ニュートン)で，1Nは**質量100gの物体にはたらく重力とほぼ等しい**んだ。

【力の矢印】

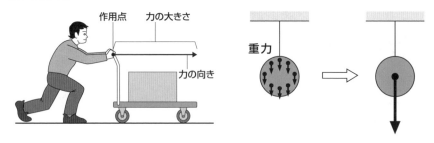

フックの法則

　右の図のように，ばねにおも
りをつるすと，ばねはのびるよ
ね。このときに，おもり2個を
つるしたときののびは，1個の
ときの2倍になるんだ。

　このように**ばねにはたらく力
の大きさとばねののびは比例
する**ことを**フックの法則**という
よ。

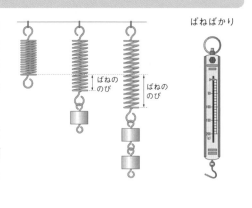

　このフックの法則を利用して物体にはたらく力の大きさをはかる器具に
ばねばかりがあるよ。

　ばねに力がはたらいていないときの長さ（もとの長さ）を**自然長**というよ。つまり，**（ばねの長さ）＝（自然長）＋（ばねののび）**となるんだ。

　例えば，自然長が10cmのばねにおもりをつるしたら3cmのびたとすると，ばねの**のび**は3cmだけど，ばねの**長さ**は13cmだよね。このように，フックの法則に関する問題を解くときは，「ばねの**のび**」と「ばねの**長さ**」をしっかり区別して考えるようにしよう。

　次に「ばねにはたらく力」と「ばねののび」について学習していこう。

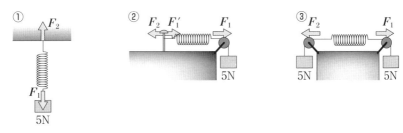

　①のように天井にばねを固定して5Nのおもりをつるしたとき，2cmのびたとする。①と同じばねを使って②③のようにしたときのばねののびは何cmになるかを考えよう。

> ②は，①を横にしたと考えると2cmのびて，③はおもりを2個つるしてあるから4cmのびると思います。

　②は正解だけど，③は残念ながら不正解なんだ。

　「ばねののび」を考えるときは「ばねにはたらく力」に注目しよう。

　①ではばねにはたらく力は F_1（おもりがばねを引く力）だけでなく，F_2（天井がばねを引く力）もはたらいているよね。つまり，上下の両端に5Nずつ力がはたらいているんだ。このように，ばねがのびるときは**必ず両端に同じ大きさの力がはたらいている**んだよ。

　②③ではどうだろう。②③でも，ばねにはたらいている力は，F_1とF_2だよね。そうすると，②③でのF_1とF_2も5Nだから，**①②③ではばねにはたらく力の大きさが同じになるので，ばねののびはすべて2cmになる**んだよ。特に③の場合は間違えやすいので気をつけよう。

35 電流とそのはたらき

■ イントロダクション ■

◆ 回路 ➡ 電気用図記号を使って，回路図をかけるようにしよう。

◆ 電流計・電圧計 ➡ 使い方と読み取りが大切。

静 電 気

　冬になると，セーターを脱ぐときやドアノブに触れるときにバチッとなることがあるよね。あれが**静電気**だ。ふだんは電気を通さない異なる物質でできた物体どうしを**摩擦する**ことで，電気を帯びるんだ。電気を帯びることを**帯電**というよ。

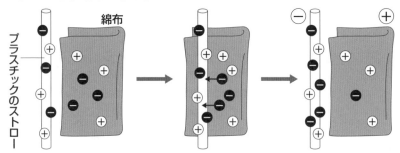

綿布

プラスチックのストロー

　図のような電気を帯びていないストローと綿布がある。これらをこすり合わせると，綿布の●の電気がストローに移動する。そうすると，ストローは−の電気を帯び，綿布は＋の電気を帯びるんだ。

　帯電した物体を近づけると，引き合ったり，しりぞけ合ったりする。**同じ種類の電気を帯びた物体どうしではしりぞけ合い，異なる種類の電気を帯びた物体どうしでは引き合う**よ。電気を帯びていないというのは，＋と−の電気が同数あって±0の状態のことだよ。

放電と電流

　物体にたまっていた電気が，空気などの電気を通しにくい気体の中を移動するような現象を**放電**というんだ。

雷は雲にたまった静電気が空気中を一気に流れる現象だ。これも放電の一例だよ。

【電子線（陰極線）】

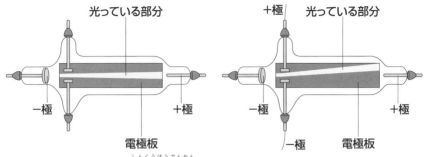

左側の図のように，真空放電管(クルックス管)の－極から＋極へ飛び出している電子の流れを**電子線（陰極線）**というんだ。これは，－の電気をもった電子が＋極に向かって直進しているからなんだ。

右側の図は，上下の電極板に電圧を加えたときの図だよ。電子線は，電極板の**＋極（上側）のほうに曲がる**んだ。これは，電子が－の電気をもっているからなんだよ。

放 射 線

「レントゲン」って聞いたことあるよね。病院でレントゲン検査をしたことがある人もいるんじゃないかな。レントゲンはもともと科学者の名前で，レントゲン博士がX線を発見したことから，X線検査のことをレントゲン検査や単にレントゲンと呼んでいるんだよ。このX線と同じような性質をもつものを**放射線**というんだ。

放射線には**α線，β線，γ線，X線，中性子線**などがあって，次のような特徴があるんだよ。

【放射線の特徴】
①**目に見えない**
②**物質を通り抜ける能力(透過性)**
③**物質を変質させるはたらき(電離作用)**

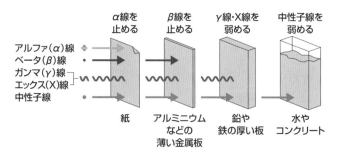

α線：**ヘリウムの原子核**の流れで**＋の電気**をもっている。

β線：**電子**の流れで**−の電気**をもっている。

γ線：電磁波の一種。**電気を帯びていない。**

X線：電磁波の一種。**電気を帯びていない。**

中性子線：中性子の流れ。**電気を帯びていない。**

「放射能」という言葉も聞いたことがあるんですけど，
「放射能」と「放射線」は同じ意味ですか？

　似たような用語だから混同しやすいけど意味は違うよ。この他に放射性物質というのもあるから，これらの違いをおさえよう。

　放射能は**放射線を出す能力**のことで，**放射性物質**は**放射線を出す物質**のことをいうんだ。別の表現をすれば，放射性物質とは放射能をもった物質ともいえるよ。

　これを電球で例えてみよう。電球が放射性物質，電球がもつ光を出す能力が放射能，電球から出る光が放射線と考えるとイメージしやすいんじゃないかな。

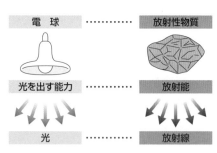

　ところで，放射線と聞いてどんなイメージを持っているかな？

特別なもので，怖い，よくないイメージがあります……。

　確かに，たくさんの放射線を浴びると細胞やDNAが損傷し人体に影響が出るといわれているから，注意する必要はあります。ただ，浴びた量が

少ない場合は，細胞は回復することができるんだ。放射線は自然界にも存在していて，実はみんなも毎日いろいろなところで放射線を受けているんだよ。

私も毎日放射線を受けているんですか？
びっくりしました！

放射線は，宇宙から常に降り注いでいるもの（宇宙線）や岩石に含まれている放射性物質から出ているものがあるんだ。さらには多くの食品に含まれているカリウム40などの放射性物質を食べることで体内に取り入れたり，呼吸することで空気中にあるラドンなどの放射性物質を取り込んでいたりするんだよ。

それだけでなく，放射線はその特徴をいかして様々なところで利用されているんだ。

【放射線の利用例】
・非破壊検査（透過性）
・医療用具などの滅菌（電離作用）
・農作物の品種改良（電離作用）
・地層などの年代測定（半減期）
・放射線治療（電離作用）

【放射線や放射能の単位】
Bq（ベクレル）：放射性物質が**放射線を出す能力**を表す単位
Sv（シーベルト）：放射線を受けたときの**人体への影響**を表す単位
Gy（グレイ）：物質や人体に吸収された**放射線のエネルギー量**を示す単位

少しくわしく
📖 半減期

放射性物質の原子核は非常に不安定で，放射線を出してより安定した別の原子核に変化していき，最終的に安定した物質に変化すると放射線を出さなくなるんだ。もとの原子核の数が半分になるまでの時間を**半減期**といって，数十秒のものから100億年超のものまであり，放射性物質によって異なるんだ。半減期が物質によって決まっていることを利用して，地層から発掘された化石などの年代測定をしているんだ。

回　路

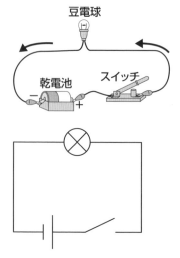

　左の図のように豆電球に導線，スイッチ，乾電池をつないで，スイッチを入れると豆電球が光る。これは，乾電池の＋極から電気が流れ，－極に戻ってくる1つの道すじができているからだ。この道すじを**回路**という。この回路のようすを電気用図記号を使って表した左下の図を**回路図**というよ。下の電気用図記号は覚えよう。

電池(直流電源)	スイッチ	豆電球	電気抵抗	電流計	電圧計	導線の交わり
⊣├ 長い線が+極	/	⊗	▭	Ⓐ	Ⓥ	● 接続する

回路図をかく問題も出題されることがあるから，練習をしておこう。

直列回路と並列回路

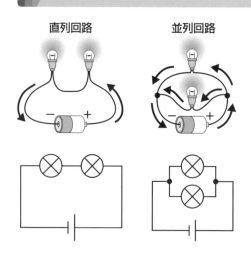

　豆電球が2つ以上あるときは，直列つなぎや並列つなぎにすることができたよね。直列つなぎの回路を**直列回路**，並列つなぎの回路を**並列回路**というよ。

　直列回路は道すじが1本，並列回路は枝分かれしている回路だ。これらの回路図も確認しておこう。

電流・電圧・抵抗

　次は，電流，電圧，抵抗(電気抵抗)について学習していこう。まず，用語の確認からしていこう。

　電流は**回路に流れる電気**のことで，電流の大きさの単位は**A(アンペア)**で，記号 I で表されるよ。電流の大きさは，アンペアだけでなく，**mA(ミリアンペア)**で表すこともあるから，単位変換はできるようにしよう。ちなみに，**1A＝1000mA**だよ。

　電圧は**回路に電流を流そうとするはたらき**のことで，電圧の大きさの単位は**V(ボルト)**で，記号 V で表される。

　抵抗(電気抵抗)は**電流の流れにくさ**のことで，抵抗の大きさの単位は**Ω(オーム)**で，記号 R で表されるんだ。

電流計・電圧計

　電流や電圧の大きさを測定するときに使うのが，電流計や電圧計だ。使い方や測定値の読み取り問題は出題されやすいよ。

【電流計の使い方】

　電流計は，回路上のある点における電流の大きさを測定する機器だよ。**回路に直列につないで使用する**んだ。つなぎ方のイメージは，測定したい点で回路を切って，回路の＋側を電流計の＋端子につなぎ，回路の－側を電流計の－端子につなぐんだ。

　では，図を見てみよう。上部に端子が4つあるよね。一番右が＋端子。残りが－端子で左から順に50mA，500mA，5Aだよ。

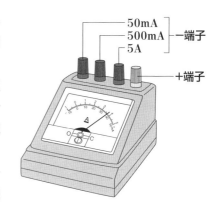

－端子は3つあるんですよね。どれにつなぐんですか？

　はじめは，一番大きい5Aの端子につなぐよ。そして，針がほとんど振れていなければ，500mA→50mAの順で小さいものにつないでいくんだ。

　読み取りのポイントは，つないだ－端子の値まで測定できるということ。たとえば，50mAの－端子につないで

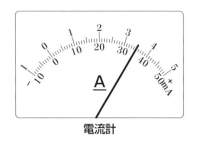

電流計

右の図のように針が振れたとしよう。そうすると，50mAまで測定できるので，電流の大きさは35.0mAとなるんだ。

小数第一位まで読み取るんですか？

　この場合はそうだね。目盛りを読むときは，**最小目盛りの$\frac{1}{10}$まで読む**んだよ。だから，500mAの－端子につないだときは350mA，5Aの－端子につないだときは，3.50Aとなる。

【電圧計の使い方】

　次は，電圧計の使い方だ。

　電圧計は，回路上の2点につないで測定するんだ。だから，**測定したい部分に並列につなぐ**んだ。回路の＋側を＋端子に，－側を－端子につなぐ。－端子は，左から順に300V，15V，3Vとなっているよ。

　電圧計も電流計と同じように，－端子は**一番大きい300Vの端子からつ**ないでいくんだよ。

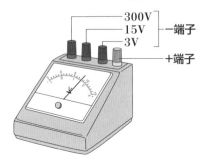

300V
15V ｝－端子
3V
＋端子

右の図の場合は，−端子を300Vに
つないでいれば160V，15Vにつない
だときは8.00V，3Vにつないだとき
は1.60Vと読み取れるんだ。

電圧計

第1章 生物分野

第2章 地学分野

第3章 化学分野

第4章 物理分野

少し ぐわしく

電流・電圧・抵抗の単位

A（アンペア），V（ボルト），Ω（オーム）は，すべて科学者の名前にちなんでつ
けられているんだ。

アンペアは，電流の研究をしたフランスの物理学者アンドレ＝マリ・アンペール。
ボルトは，ボルタ電池を開発したイタリアの物理学者アレッサンドロ・ボルタ。オー
ムは，オームの法則を発見・発表したドイツの物理学者ゲオルク・ジーモン・オー
ムからつけられたんだよ。

テーマ
36 オームの法則

中1 中2 中3

イントロダクション

◆ **合成抵抗** ⇒ 並列回路での合成抵抗が重要。計算はもちろん，合成抵抗の大小を判別できるようにしよう。

◆ **オームの法則** ⇒ 直列回路と並列回路での電流・電圧・抵抗の関係をおさえた上で，計算練習をしよう。

◆ **グラフの読み取り** ⇒ 直列回路と並列回路での読み取り方をマスターしよう。

直列回路，並列回路での電流・電圧

　直列回路，並列回路における電流や電圧について学習していこう。

　まず，電源の電圧をV，各抵抗にかかる電圧をV_1，V_2，回路全体に流れる電流をI，各抵抗に流れる電流をI_1，I_2として，関係を式に表すと次のようになるよ。

【直列回路】	【並列回路】
電圧：$V = V_1 + V_2$	電圧：$V = V_1 = V_2$
電流：$I = I_1 = I_2$	電流：$I = I_1 + I_2$

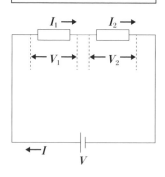
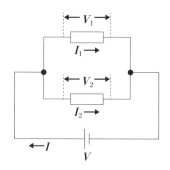

　直列回路では，電源の電圧は各抵抗の両端にかかる電圧の和と等しくなっていて，回路に流れる電流はどこでも等しいんだ。

　並列回路では，電源の電圧と各抵抗の両端にかかる電圧が等しく，電源を流れる電流は各抵抗に流れる電流の和と等しいんだよ。

イメージするのがむずかしいですね。

電流や電圧は，よく川の流れとして説明されるんだ。電圧は「高さ（落差）」，電流は「水量」としてイメージするとわかりやすい。そして，電源は水を持ち上げる「ポンプ」のようなはたらきをしていると考えるんだ。

まずは，直列回路から見ていくよ。ポンプ（電源）によって持ち上げられた水は，回路という川を流れていく。川の途中にある抵抗は，水が落ちるイメージでとらえよう。右の図のように，2つの抵抗がある場合，1つ目の落差V_1と2つ目の落差V_2の和が，持ち上げられた高さ（落差）Vと等しくなるんだ。2つの抵抗を通った水は再び電源で持ち上げられて，回路を流れていく。だから，$V = V_1 + V_2$となるんだ。

直列回路での電流・電圧のイメージ

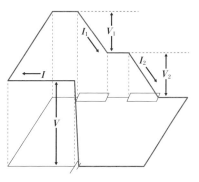

また，川は枝分かれしていないので，電源での水量Iと1つ目の抵抗の水量I_1，2つ目の抵抗の水量I_2は等しくなっている。だから，$I = I_1 = I_2$となるんだよ。

次は並列回路だよ。

ポンプ（電源）によって持ち上げられた水は，分岐点でI_1，I_2に分かれて流れていく。だから，電源での水量Iは，それぞれの抵抗に流れる水量I_1，I_2の和になるんだ。つまり，$I = I_1 + I_2$となるんだ。

また，それぞれの抵抗の落差V_1，V_2は，ポンプによって持ち上げられた高さVと等しくなっているよね。だから，$V = V_1 = V_2$となる。

並列回路での電流・電圧のイメージ

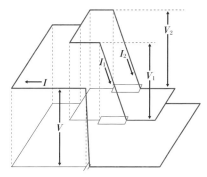

合成抵抗

回路に2つ以上の抵抗がある場合，それらを1つの抵抗としてみたときの抵抗の大きさを**合成抵抗**というよ。

【直列回路での合成抵抗】

右の図のように，10Ωと15Ωの抵抗を直列につないだ場合を考えよう。この場合，回路の合成抵抗は，25Ωになるんだ。

直列回路の合成抵抗

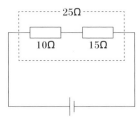

2つの抵抗をたせばよいですか？

その通り。10Ω＋15Ω＝25Ωと計算できるんだ。つまり，**直列回路の合成抵抗は各抵抗の大きさの和**になるんだ。直列回路では，合成抵抗をR，各抵抗をR_1，R_2とすると，$R = R_1 + R_2$という関係になるんだ。

【並列回路での合成抵抗】

今度は，並列回路の場合を見ていくよ。

右の図のような10Ωと15Ωを並列につないだ回路の場合の合成抵抗は，6Ωになるんだ。

並列回路の合成抵抗

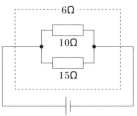

どうして，10Ωと15Ωの抵抗を使っているのに6Ωになるんですか？

直列回路の場合はイメージしやすいと思うけれど，並列回路の場合は少しわかりにくいよね。抵抗は「流れにくさ」を表すけれど，抵抗があっても電流は流れるんだ。だから，電流が通る道が**1本の場合より2本を並列につないだほうが流れやすい**ということなんだ。10Ωだけの回路より，10Ωと15Ωを並列につないだ回路のほうが電流は流れやすいから，合成抵抗は10Ωや15Ωより小さくなるんだよ。並列回路では，合成抵抗をR，各抵抗をR_1，R_2とすると，$\dfrac{1}{R} = \dfrac{1}{R_1} + \dfrac{1}{R_2}$という関係になるんだ。この式を変形すると，$R = \dfrac{R_1 \times R_2}{R_1 + R_2}$ $\left(\dfrac{積}{和}\right)$ となるよ。

問 題

1　次の回路における合成抵抗を求めなさい。

(1)　　　　　　　　　　(2)　　　　　　　　　　(3)

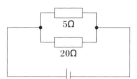

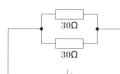

2　次のア～エを合成抵抗の小さい順に並べよ。

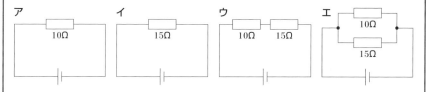

解 説

1　(1)　直列回路だから，**各抵抗の和**が合成抵抗になる。よって，8Ω＋12Ωで求められる。

　　(2)　並列回路だから，$\dfrac{積}{和}$で求められる。式：$\dfrac{5 \times 20}{5 + 20}$〔Ω〕

　　(3)　(2)と同様に求められるが，**同じ抵抗が2つ並列につないである場合は，1つの抵抗の$\dfrac{1}{2}$になる。**

2　計算をして求めることもできるが，この場合は**計算しないで求められるようにすること**。時間の短縮だけでなく，抵抗の大きさがわからない場合にも対応できるようになる。**ウ**は直列回路だから各抵抗の和となり，**エ**は並列回路だから各抵抗より小さくなることを考えると判断できる。

解 答　1　(1)　**20Ω**　　(2)　**4Ω**　　(3)　**15Ω**
　　　　　　2　**エ，ア，イ，ウ**

オームの法則

　オームの法則は、「回路に流れる**電流は電圧に比例する**」という法則のことで、次の式が成り立つんだ。

　$V = R \times I$　この式を変形すると、$I = \dfrac{V}{R}$、$R = \dfrac{V}{I}$ となるんだ。

この関係式を使って計算する問題がよく出題されるよ。

> 公式を覚えるのがどちらかというと苦手なんですが、いい方法はないですか？

　では、次のように考えてみよう。右の図を見てごらん。この図を使うと計算が楽にできるよ。使い方は簡単。この図を覚えた上で、求めたいものを指で隠すんだ。

　例えば、電圧を求めたければ、電圧の部分を指で隠す。そして残った抵抗と電流をかければ電圧が求まるんだ。同じように、抵抗を求めたければ、抵抗を指で隠す。このときは、電圧÷電流をするんだけど、電圧÷電流は分数で表すと、$\dfrac{電圧}{電流}$ となるよね。だから、図のまま分数にしてあげればいいんだよ。電流を求めるときも同じようにすればいいよ。

> 便利ですね！　図を覚えておけば関係式もすぐ出てきますね。ほかに注意することはありますか？

　あるよ。電流の単位には、AとmAがあったけど、**オームの法則の計算では、電流の単位は必ずA（アンペア）を使う**んだ。例えば、300mAと出てきた場合は、300mA＝0.3Aだから、0.3Aを式に代入するんだ。また、「何mAですか」と聞かれた場合には、A（アンペア）で求めたものをmA（ミリアンペア）に変換して解答するんだよ。

問題1 右の回路で，電源の電圧は何 V か。

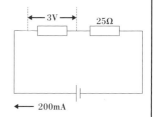

解説 まずは，電源と抵抗の近くに，アルファベットの T の字を書く。これは，前のページでやった指で隠す図の中身の部分だ。そこにわかっている 3V と 25Ω を書き込む。**直列回路では，各部に流れる電流が等しいので**，すべての T の字の右下に電流の値 0.2A を書き込む。オームの法則では必ず mA を A に変換して計算することに注意しよう。これらは黒字で書き込んである。

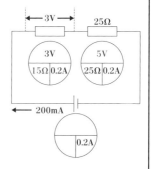

そして，2 カ所わかっている部分をオームの法則を使って計算すると，$\frac{3V}{0.2A} = 15Ω$，$25Ω × 0.2A = 5V$ となる。赤字で書いてあるのが計算結果だ。

直列回路では各部の電圧の和が電源の電圧になるので，$3V + 5V = 8V$ となる。合成抵抗が $15Ω + 25Ω = 40Ω$ となることから，$40Ω × 0.2A = 8V$ と計算してもよい。

解答 8V

問題2 右の回路で，合成抵抗は何Ωか。

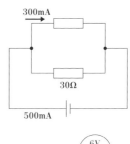

解説 上と同じように T の字に 0.3A と 0.5A，30Ω を書き込む。この回路は**並列回路だから，電源に流れる電流は各抵抗に流れる電流の和と等しいの**で，30Ω の抵抗には，$0.5A - 0.3A = 0.2A$ の電流が流れる。そうすると，30Ω の抵抗にかかる電圧は，$30Ω × 0.2A = 6V$ と計算できる。**並列回路では，各部の電圧は等しいので**，すべてに 6V を書き込む。そうすると，合成抵抗は $\frac{6V}{0.5A} = 12Ω$ となる。また，上の抵抗は，$\frac{6V}{0.3A} = 20Ω$ となるので，30Ω と 20Ω の合成抵抗として，$\frac{30×20}{30+20} = 12Ω$ と計算してもよい。

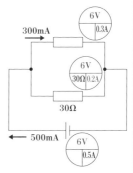

解答 12Ω

　右のグラフは，電熱線A，B，Cにそれぞれ電圧をかけて，そのときに流れた電流の関係を表したものだ。ここでは，このグラフの読み取りを学習していくよ。

　読み取りができれば楽に答えを導くことができるようになるんだ。

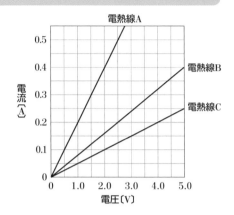

問題 1　上のグラフの電熱線 A, B を使って図 1 のような回路をつくり電圧をかけたところ，回路に 0.2A の電流が流れた。このとき電源の電圧は何 V か。また，回路全体の抵抗の大きさを求めなさい。

解　説　この回路は**直列回路だから，電流の大きさはどこでも等しい。**だから，電熱線 A, B にも 0.2A の電流が流れているので，右のようにグラフを読み取ると，電熱線 A には 1.0V，電熱線 B には 2.5V の電圧がかかっていることがわかる。

　そして，直列回路では各抵抗にかかる電圧の和が，電源の電圧になるから，1.0V + 2.5V = 3.5V となる。そして，回路全体では，3.5V のときに 0.2A だから，$\dfrac{3.5V}{0.2A}$ = 17.5Ω となる。

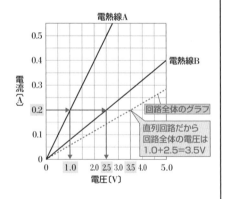

[別解]　まず，電熱線 A, B の抵抗を求めよう。抵抗は，グラフの読み取れる点の値を使って，オームの法則で求めればよい。電熱線 A の抵抗は，$\dfrac{1.0V}{0.2A}$ = 5Ω，電熱

線 B の抵抗は，$\dfrac{2.5\text{V}}{0.2\text{A}} = 12.5\,\Omega$ となる。直列回路だから合成抵抗は $5\,\Omega + 12.5\,\Omega =$
$17.5\,\Omega$ だ。電源の電圧は，回路に 0.2A 流れたから，$17.5\,\Omega \times 0.2\text{A} = 3.5\text{V}$ となる。

このようにして，違うやり方で見直しすると正答率も上がるよ。

解　答 電源の電圧　3.5V
　　　　　　回路全体の抵抗　17.5Ω

問題2 電熱線 A, C を使って図2のような回路をつくり，電源の電圧を 2.0V にした。このとき電源に流れる電流は何 A か。また，回路全体の抵抗の大きさを求めなさい。

図2

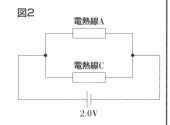

解　説 この回路は**並列回路だから，電圧はどこも等しい**。だから，電熱線 A，Cの両端にも2.0Vの電圧がかかっている。そして，右のように読み取ると，電熱線 A には 0.4A，電熱線 C には 0.1A の電流が流れていることがわかる。並列回路では，電源に流れる電流は，各抵抗に流れる電流の和と等しくなるから，0.4A + 0.1A = 0.5A となる。回路全体の抵抗は，2.0V のときに 0.5A だから，$\dfrac{2.0\text{V}}{0.5\text{A}} = 4\,\Omega$ となる。

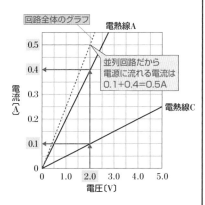

[別解]　まず，問題1と同様に電熱線 A, C の抵抗を求める。電熱線 A は 5Ω，電熱線 Cは，$\dfrac{2.0\text{V}}{0.1\text{A}} = 20\,\Omega$ となる。並列回路だから，合成抵抗は，$\dfrac{5 \times 20}{5 + 20} = 4\,\Omega$ だ。電源に流れる電流は，電源の電圧が 2.0Vだから，$\dfrac{2.0\text{V}}{4\,\Omega} = 0.5\text{A}$ となる。

解　答 電源に流れる電流　0.5A
　　　　　　回路全体の抵抗　4Ω

> **ポイント整理**
>
> **直列回路**
>
> 電流が等しい
>
> **→回路に流れる電流に対する電圧を読み取る**
>
> **並列回路**
>
> 電圧が等しい**→各部分にかかる電圧に対する電流を読み取る**

問題3 電熱線 A，B，C の抵抗の比を求めなさい。

解説 この問題も計算で求めることができるけれど，グラフの読み取りで簡単に求められる。**電流が等しい場合は，かかる電圧が大きいほうが抵抗は大きくなる。**つまり，**抵抗の大きさは，電圧に比例する。**

だから 0.2A のときに電熱線にかかる電圧を読み取ると，A は 1.0V，B は 2.5V，C は 4.0V だから，電圧の比は A：B：C ＝ 1：2.5：4 ＝ 2：5：8 となるんだ。抵抗の大きさは電圧に比例するから，抵抗の比もこれと同じで 2：5：8 となる。

比を求めるだけなら，マス目を読み取れば，すぐに 2：5：8 とわかる。

ちなみに値を読み取るときは，必ず格子点で読み取るようにしよう。

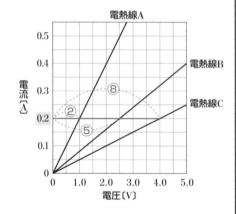

[別解] 問題 1，2 と同様に各電熱線の抵抗を求める。

電熱線 A $\dfrac{1.0V}{0.2A} = 5\Omega$

電熱線 B $\dfrac{2.5V}{0.2A} = 12.5\Omega$

電熱線 C $\dfrac{4.0V}{0.2A} = 20\Omega$

よって，抵抗の比は，$5\Omega：12.5\Omega：20\Omega = 2：5：8$

解答 2：5：8

●直列回路と並列回路における電流・電圧・抵抗の関係

	直列回路	並列回路
回路図		
電流	$I = I_1 = I_2$ どこでも等しい	$I = I_1 + I_2$ 各部分の和
電圧	$V = V_1 + V_2$ 各部分の和	$V = V_1 = V_2$ どこでも等しい
抵抗	$R = R_1 + R_2$ 各部分の和	$\dfrac{1}{R} = \dfrac{1}{R_1} + \dfrac{1}{R_2}$ $R = \dfrac{R_1 \times R_2}{R_1 + R_2}$ 和分の積

37 電流と磁界

中1 中2 中3

■┋┋イントロダクション┋┋■

◆ **磁界** ➡ 棒磁石，導線，コイルのまわりにできる磁界では，磁力線をかけるようにしておこう。あわせて，方位磁針の向きもチェックしよう。

◆ **磁界から受ける力** ➡ フレミングの左手の法則が有名。

◆ **電磁誘導** ➡ 磁石の極，動かす向き，誘導電流の向きの関係が大切。

磁　界

　磁石どうしを近づけると，引き合ったり，しりぞけ合ったりするよね。この磁石の力を**磁力**というんだ。そして，この磁力のはたらく空間を**磁界**，方位磁針を置いたときにN極が指す向きを**磁界の向き**という。磁界の様子を磁界の向きにそって表したものが**磁力線**だ。磁力線の**間隔が狭いほど磁界は強く，間隔が広いほど磁界は弱くなっている**んだ。

【棒磁石のまわりにできる磁界】

　右の図は，棒磁石のまわりに方位磁針を置いたときの様子を表しているよ。磁力線の矢印とN極は同じ向きになるよ。ちなみに，方位磁針の黒く塗りつぶされたほうが，N極を表しているんだ。

　磁石のまわりの磁力線は，**N極から出てS極に入っていくように**なるんだ。そして，方位磁針の向きは，

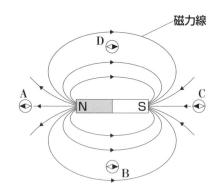

左右に置いたA，Cは同じ向き，上下に置いたB，Dは同じ向きになっているよね。そして，A，CとB，Dは逆向きになっていることもおさえておこう。この図は非常に重要なので，かけるようにしておくといいよ。

【電流による磁界】

導線に電流を流すと，そのまわりには**同心円状の磁界ができる**んだ。右の図のように下向きに電流を流すと，導線のまわりには，**時計まわり（右まわり）の向きの磁界**ができるんだ。この磁界は，**中心に近いほど強く，磁力線の間隔も狭くなっていて，導線から離れるほど弱くなっていく**んだよ。

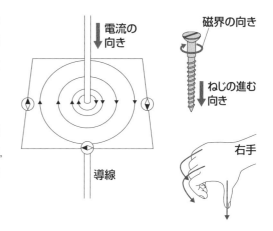

このときの電流の向きと磁界の向きは，「右ねじ」や「右手」を使って説明されることがあるんだ。「右ねじ」は右に回すとねじが閉まるねじのことだよ。右手を使うときは，親指を立てて電流の向きに合わせて，導線を握るようにするよ。そうすると4本指が磁界の向きになるんだ。

電流の向き＝右ねじの進む向き＝親指の向き

磁界の向き＝右ねじを回す向き＝4本指の向き

【コイルのまわりにできる磁界】

コイルに電流を流すと，コイルのまわりに下の図のような磁界が生じる。

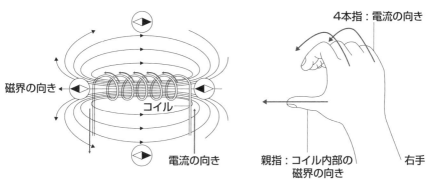

電流が磁界から受ける力

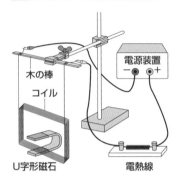

木の棒
コイル
電源装置
U字形磁石
電熱線

左の図のようにU字形磁石の中にコイルを置いて**電流を流す**と，**コイルは磁界から力を受けて動く**んだ。この力は，磁石による磁界と電流による磁界によって生じているんだ。

力の向きは，磁界の向きと電流の向きによって決まるんだ。

電流の流れる向きを反対にすると，力の向きも反対になる。また，磁石のN極とS極を入れ替えると，力の向きも反対になる。電流の向きと磁石の極を両方とも変えた場合は，反対の反対になるから力の向きは変わらないよ。

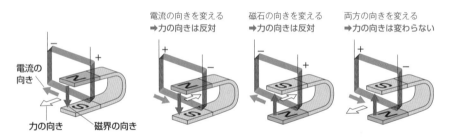

ところで，最初の図を見ると回路に電熱線をつないでありますよね。これは，何か意味があるんですか？

よく見ているね。これにはちゃんとした意味があるんだ。電熱線などの抵抗を接続しないと，回路に非常に大きな電流が流れてしまい，発熱するなどの危険があるんだ。**電熱線をつなぐことによって，回路に流れる電流を小さくしている**んだよ。

【フレミングの左手の法則】

コイルが動いたときの，磁石による磁界の向き，電流の向き，力の向きには，右の図のような関係があるんだ。これを**フレミングの左手の法則**というんだ。

左手の親指，人差し指，中指をそれぞれ垂直にすると，中指，人差し指，親指の順で，電流・磁界・力の向きの関係を表しているんだ。**中指から順に「でん・じ・りょく」と覚えて**おこう。

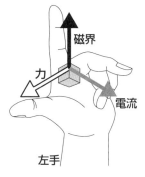

ただ，3つの指をすべて垂直に保つのは大変なんだ。だから，右の図のようにして覚えておいてもいいよ。左手を広げて親指と残りの4本を垂直にするんだ。そして，**4本指を電流の向き，手のひらで磁界を受ける**ように向けると，**親指の向きに力**がはたらくよ。あるいは，**手のひらをN極に向ける**と覚えてもいいよ。

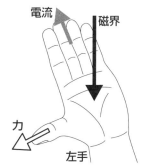

【モーターのしくみ】

電流が磁界から受ける力を利用したものにモーターがある。下の図のAB間では，A→Bの向きに電流が流れている。磁石による磁界の向きは，N→Sだから，フレミングの左手の法則を使うとコイルは上向きの力を受けることがわかる。一方，CD間では，C→Dの向きに電流が流れている。磁界の向きは同じなので，コイルは下向きの力を受ける。そして，**コイルが半回転するごとに，整流子で電流の流れを逆に**して，常に一定の向きに力がはたらくようにしたものが，モーターなんだ。

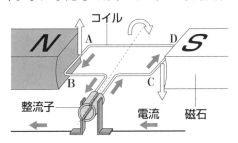

　コイルに磁石を近づけたり，コイルから磁石を遠ざけたりすると，**コイルのまわりの磁界が変化して，コイルに電流が流れる**。この現象を**電磁誘導**というよ。そして，そのときに流れる電流を**誘導電流**というんだ。**現象が電磁誘導で，電流が誘導電流**だよ。

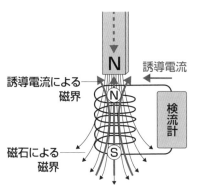

　では，電磁誘導をくわしく学んでいこう。左の図は，コイルの上から磁石のN極を近づけた場合を表しているよ。この場合は，磁石による下向きの磁界がコイルに近づいてくる。そうすると，コイルはもとの状態を保とうとして，**近づいてきた磁界を弱めようとする（反発する）ような磁界**をつくるように誘導電流が流れるんだ。この誘導電流によって上向きの磁界ができるんだ。コイルは，**もとの磁界を維持しようとしている**から，磁石のN極が**近づくと，それに反発するような磁界が発生**するんだ。このときは，コイルの上部がN極になるんだよ。だから，下部がS極になるんだ。

　磁石のN極を遠ざけるとどうなるんですか？

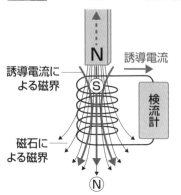

　左の図がN極を遠ざけたときだよ。**遠ざけたときは，近づけたときの反対になる**んだ。磁石を遠ざけると，磁石による磁界の影響が弱くなるよね。そうすると，コイルには影響の弱くなった磁界を強めようとする磁界ができるんだ。

　そうすると，上側がS極となって，下側がN極になるから，流れる電流はN極を近づけたときと逆向きになるよ。

磁石を近づける ➡ 近づけたほうに**反発する極が発生**
- ・N極を近づけるとN極が発生
- ・S極を近づけるとS極が発生

磁石を遠ざける ➡ 遠ざけたほうに**引き合う極が発生**
- ・N極を遠ざけるとS極が発生
- ・S極を遠ざけるとN極が発生

磁石をコイルに入れたまま ➡ **変化しない**

 誘導電流の流れる向きはどうなりますか？

　コイルのまわりにできる磁界と同じように右手を使うんだ。親指が磁界の向き，4本指が電流の向きだったよね。だから，コイルのN極のほうに親指を向けてコイルを握る。そうすると4本指の向きに電流が流れるんだ。

 電磁誘導を考えるときのポイントはありますか？

　問題では，「**N極を近づけたら，検流計の針が右に振れた**」というように，前提条件が書かれていることがあるんだ。その後，極を変えたり，動かし方を変えたりしたときにどうなるかの判断ができるようにしよう。

【N極を近づけたら，検流計の針が右に振れた場合】

　　N極を遠ざける➡**左**に振れる

　　S極を近づける➡**左**に振れる

　　S極を遠ざける➡**右**に振れる

　　磁石を入れたまま➡どちらにも振れない

【誘導電流を大きくする方法】

- ・磁石を**速く動かす**
- ・**磁力の強い磁石**を使う
- ・コイルの**巻き数**をふやす

■■■ イントロダクション ■■■

◆ 電力と電力量，熱量 ➡ 電力〔W〕は電気器具の能力を表す数値。電力量〔J〕や熱
量〔J〕はエネルギーを表す数値。違いをしっかりと理解しよう。計算ではオームの法
則も使うからしっかり復習しておこう。

電力と電力量，熱量

コンビニでお弁当をあたためてもらうと家にある電子レンジより速くあ
たたまるよね。コンビニの電子レンジが大体1500W ～ 2000Wくらいなの
に対して，家庭用は500W ～ 1000Wくらいなんだ。この**W（ワット）**は**電
気器具の能力**を表していて，**電力**というんだ。電球も40Wや100Wなどい

ろいろな種類があるんだ。電子レンジであれば
ワット数が大きいほうが短時間であたためるこ
とができるし，電球であれば**ワット数が大き
いほうが明るい**んだよ。つまり，電力(ワット
数)が大きいほど能力が高いということだね。

> 電力はどうやって決まるんですか？

電力は，電圧と電流の積で表されるんだ。

$$電力〔W〕＝電圧〔V〕×電流〔A〕$$

1Vの電圧をかけて1Aの電流が流れたときの電力を1Wとしているん
だ。電気器具に「100V－500W」と表示してあった場合は，100Vの電圧
で使用したときの消費電力が500Wということ。このとき，電流の大きさ
は，電力÷電圧で求められるから，500W÷100V＝5Aになる。そうすると，
電圧が100V，電流は5Aとわかったので，抵抗の大きさを求めることがで
きるよね。

抵抗＝電圧÷電流　で求められたので，
100V÷5A＝20Ωです。

その通りだね。

では，次に**電力量**について学習していこう。電球を1時間つけておくのと比べて2時間つけていた場合は2倍のエネルギーを使うよね。この使用したエネルギー量のことを**電力量**といって，電力と時間の積で表されるんだ。単位は **J（ジュール）** を使うんだよ。

$$\boxed{電力量〔J〕＝電力〔W〕×時間〔s〕}$$

1Jは1Wの電力で1秒間使用したときの電力量だよ。では，60Wの電球を10分間使用したときの電力量を求めてみよう。まず，電力量では，時間の単位は s（秒）を使うから，10分＝600秒として計算するよ。あとは，公式にあてはめて，60W×600s＝36000 J となるんだ。

電力量は J 以外にも**Ws（ワット秒）** という単位を使って表すこともあるよ。WsはW×sの意味なんだ。だから，1Ws＝1Jになるんだ。ほかにも，**Wh（ワット時）** や**kWh（キロワット時）** なども使われているんだ。

　Ws（ワット秒）やWh（ワット時）に使われているsやhは，「秒」を表す英単語のsecond，時間を表す英単語hourの略なんだ。
　1Ws＝1Jだから，
　　1Wh＝1W×1h＝1W×3600s＝3600Ws＝3600J
となるんだ。
　kは1000倍の意味だから3600J＝3.6kJとなるよ。

次に熱量について学習していこう。

電熱線などに電流を流すと熱が発生するよね。その熱の量のことを**熱量**と呼んでいるよ。熱量は，電力量と同じ式で求められるよ。

$$\boxed{熱量〔J〕＝電力〔W〕×時間〔s〕}$$

【発熱と電力量】

図のような装置で水に電熱線を入れて電流を流したときの水の温度上昇を調べる実験を行った。この装置で，6V－9Wの電熱線に6Vの電圧をかけて，5分間電流を流したときに電熱線から発生した熱量を調べた。また，電熱線を6V－18Wに変えて同様の実験を行った。そのときの時間と水の温度の結果は次のようになった。

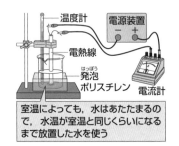

室温によっても，水はあたたまるので，水温が室温と同じくらいになるまで放置した水を使う

時間〔分〕		0	1	2	3	4	5
水の温度〔℃〕	6V－9W	22.1	23.0	23.9	24.8	25.7	26.6
	6V－18W	22.1	23.9	25.7	27.5	29.3	31.1

このことから，何がわかるんでしょうか？

上の表は，水の温度を表しているから，水の上昇温度の表に書き換えると次のようになるよね。

時間〔分〕		0	1	2	3	4	5
水の上昇温度〔℃〕	6V－9W	0.0	0.9	1.8	2.7	3.6	4.5
	6V－18W	0.0	1.8	3.6	5.4	7.2	9.0

そうすると，**水の上昇温度は電流を流す時間に比例する**ことがわかるんだ。また，同じ時間だけ電流を流したとすると，電力が2倍になると水の上昇温度も2倍になっているよね。このことから，**水の上昇温度は電力に比例する**こともわかるんだ。

ここで，それぞれの電熱線の5分間での電力量を求めてみると，

6V－9W：9〔W〕×300〔s〕＝2700〔J〕

6V－18W：18〔W〕×300〔s〕＝5400〔J〕

となるから，**水の上昇温度は電力量にも比例する**んだよ。

ただ，**電熱線で発生した熱量は，すべて水の上昇温度に使われるわけではないから，実際には水が得る熱量は電熱線から発生した熱量より小さくなる**んだよ。

回路と発熱量

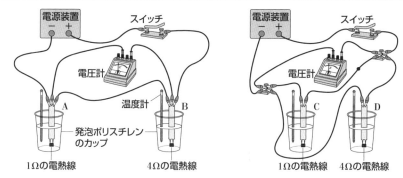

電源装置　スイッチ　電圧計　温度計　A　B　発泡ポリスチレンのカップ　1Ωの電熱線　4Ωの電熱線　電源装置　スイッチ　電圧計　C　D　1Ωの電熱線　4Ωの電熱線

　図のように，抵抗が1Ωと4Ωの電熱線をそれぞれ別の容器に入れて，直列回路と並列回路をつくり，10Vの電圧をかけたときの電力と水の温度上昇の関係を学習していこう。

　どちらの装置でも10Vの電圧を同じ時間かけたときに，A～Dの容器での水の温度上昇を考えていこう。ただし，容器に入っている水の量はすべて同じとして，電熱線で発生した熱量はすべて水の温度上昇に使われたものとする。

> どのように考えればいいんでしょうか？

　電流を同じ時間流した場合の水の温度上昇は，電力に比例するよね。だから，それぞれの電熱線の消費電力を求めればいいんだ。電力＝電圧×電流で求められるから，それぞれの電熱線にかかる電圧と流れる電流を求めればいいんだ。電圧や電流の大きさは，前に学習したように直列回路なのか並列回路なのかに注目して，オームの法則を用いて求めればいいんだよ。まずは，A，Bの電圧と電流を求めよう。

> A，Bは直列につないであるので，合成抵抗は1Ω＋4Ω＝5Ω。電流の大きさはどちらも10V÷5Ω＝2A
> 電圧の大きさは，Aが1Ω×2A＝2V
> Bが4Ω×2A＝8Vとなります。

しっかり覚えているね。では，C，Dの電圧と電流はどうなるかな。

C，Dは並列につないであるので，電圧はどちらも10V。
電流の大きさは，Cは10V÷1Ω＝10A，
Dは10V÷4Ω＝2.5Aとなります。

これも大丈夫だね。これらを用いて電力を求めると次のようになるんだ。

A：2〔V〕×2〔A〕＝4〔W〕
B：8〔V〕×2〔A〕＝16〔W〕
C：10〔V〕×10〔A〕＝100〔W〕
D：10〔V〕×2.5〔A〕＝25〔W〕

だから，図のような装置で実験を行った場合，上昇温度の大きい順に並べると，C，D，B，Aとなるんだよ。

ただし，これはそれぞれの電熱線を別の容器に入れた場合だよ。同じ容器に入れた場合は異なるから注意しよう。

| 問 題 | 次の各問に答えなさい。 |

(1) 100V－150W の電気器具を 100V の電源につないだときの消費電力は何 W か。また，このときに電気器具に流れる電流の大きさは何 A か。

(2) 3 Ω の抵抗に 6V の電圧をかけたときの消費電力を求めよ。

(3) 40W の電球を 1 時間使用したときの電力量は何 J か。

(4) 100W の電球を 2 時間使用したときの電力量は何 Wh か。

(5) 10W の電熱線に 1 分間電流を流したときに発生する熱量は何 J か。

(6) 5 Ω の抵抗に 15V の電圧を 10 分間かけたときの電力量は何 J か。

(7) 6V－6W の電熱線を水に入れ，6V の電圧をかけて 5 分間電流を流したところ，水の温度上昇は 4.8℃ であった。同じ装置を用いて，電熱線を 6V－18W にかえて 6V の電圧をかけたときの水の温度上昇は何℃になったと考えられるか。

解 説

電力〔W〕＝電圧〔V〕×電流〔A〕

電力量〔J〕＝電力〔W〕×時間〔s〕

熱量〔J〕＝電力〔W〕×時間〔s〕

(1) 100V－150W は 100V の電圧をかけたときの消費電力が 150W という意味。また，電力〔W〕＝電圧〔V〕×電流〔A〕より，電流〔A〕＝電力〔W〕÷電圧〔V〕で求められるので，150W ÷ 100V ＝ 1.5A。

(2) オームの法則を使って，電流を求めると，6V ÷ 3 Ω ＝ 2A。よって，消費電力は，6V × 2A ＝ 12W。

(3) 1 時間＝ 3600 秒だから，40W × 3600s ＝ 144000J。

(4) 電力量〔Wh〕＝電力〔W〕×時間〔h〕より，100W × 2h ＝ 200Wh。

(5) 1 分間＝ 60 秒だから，10W × 60s ＝ 600J。

(6) オームの法則を使って，電流を求めると，15V ÷ 5 Ω ＝ 3A となる。よって，電力は 15V × 3A ＝ 45W。また，10 分＝ 600 秒だから，45W × 600s ＝ 27000J。

(7) 水の上昇温度は電力に比例するので，6V－6W のときの 3 倍となる。よって，4.8℃× 3 ＝ 14.4℃。

解 答 (1) **150W，1.5A** (2) **12W** (3) **144000J**
(4) **200Wh** (5) **600J** (6) **27000J** (7) **14.4℃**

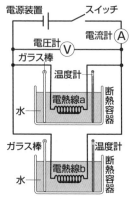

問題 電熱線から発生する熱による水温の上昇について調べるために，電気抵抗 2 Ωの電熱線 a と電気抵抗 6 Ωの電熱線 b を用いて，実験を行った。ただし，電熱線から発生する熱はすべて水温の上昇に使われたものとし，水の温度変化は電熱線から発生する熱量に比例するものとする。

実験 図のように，電熱線 a と電熱線 b をそれぞれ水 100cm^3（100g）を入れた断熱容器に入れて，並列につないで回路をつくった。断熱容器内の水温が，室温と同じになるまで放置したあと，スイッチを入れて，電圧計が 6V を示すように電源装置を調節した。ガラス棒で，静かに水をかき混ぜながら，水温を測定した。

問 実験について，しばらく電流を流したあと，水温を測定したところ，電熱線 b を入れた断熱容器内の水温より，電熱線 a を入れた断熱容器内の水温のほうが高かった。その理由を，「電圧」，「電流」，「電力」という用語を用いて書きなさい。

〈新潟県〉

解説 この回路は並列回路だから，電源の電圧とそれぞれの電熱線にかかる電圧が等しくなる。だから，電熱線の抵抗が小さいほど，流れる電流は大きくなる。よって，抵抗の小さい電熱線 a のほうが流れる電流が大きくなる。電力は電圧と電流の積で求められるから，電熱線 a のほうの電力が大きくなり，水の温度が高くなる。

解答 並列回路では，枝分かれした各部分に加わる電圧の大きさが等しく，電熱線 b より電気抵抗の小さい電熱線 a のほうが流れる電流が大きいため，電力も大きくなるから。

テーマ ③ 水圧と浮力，力の合成・分解

■■ イントロダクション ■■

◆ 水圧・浮力 ⇒ あらゆる方向にはたらいているよ。浮力を受ける理由をおさえておこう。また，その大きさも理解しておこう。

◆ 力のつり合いと作用・反作用 ⇒ 違いをしっかり理解しよう。

◆ 力の分解 ⇒ 斜面上での重力の分力の作図をできるようにしよう。

▶ 水　圧

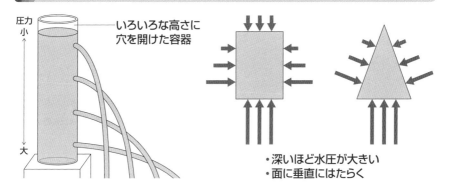

・深いほど水圧が大きい
・面に垂直にはたらく

水の重さによって，水中にある物体にはたらく圧力を**水圧**というよ。

水中に物体を入れたとき，深さが深いほど，その上にある水の量は多くなるよね。だから，水圧は**深ければ深いほど大きくなる**んだよ。

左上の図のように，水を入れた容器のいろいろな高さのところに穴をあけると，下の穴ほど勢いよく水がふき出すんだ。これは，深いほど水圧が大きいからなんだ。

右上の図は，水に沈めた物体にはたらく水圧を表したものだよ。**深いほど水圧は大きくなる**んだ。そして，**あらゆる向きにはたらく**んだよ。また，**面に垂直にはたらく**こともおさえておこう。

浮　力

物体を水に沈めたときには，あらゆる方向から水圧を受ける。そのとき側面にはたらく水圧は，互いに打ち消し合い，つり合っているんだ。だから，物体は上面にはたらく水圧と下面にはたらく水圧の差によって，上向きの力を受け，空気中で測定するより重さが軽くなる。この力を**浮力**というよ。

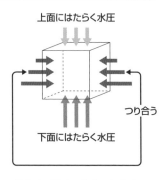

上面にはたらく水圧

下面にはたらく水圧

つり合う

浮力の大きさは，物体が**押しのけた分の水の重さに等しくなる**んだ。

右の図は，ばねばかりにつるした物体を水に入れていったときの様子を表している。グラフは，物体の底面から水面までの距離と，ばねばかりの示す値の関係を表したものだよ。

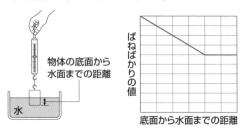

物体の底面から水面までの距離

水

ばねばかりの値

底面から水面までの距離

物体を水の中に入れていくと，水を押しのけた分だけ浮力を受けて，ばねばかりが示す値はだんだん小さくなるけれど，すべて水に沈んだあとは，底面から水面までの距離が大きくなっても浮力の大きさは変わらないんだ。

力のつり合いと作用・反作用

【力のつり合い】

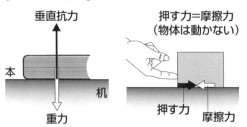

垂直抗力

本

机

重力

押す力＝摩擦力
（物体は動かない）

押す力　　摩擦力

左側の図のように，机の上に本が置いてあるとき，本にはたらいている力は，**重力**と**垂直抗力**だね。重力は**地球が本を引く力**，垂直抗力は**机が本を押す**

力だ。だから，この2つの力は，どちらも**本に**はたらいているよね。

　このように，**1つの物体**にはたらいている2つの力の**大きさが等しく**，**向きが逆**，**一直線上にあるとき**，2つの力が「つり合っている」というんだ。物体が静止しているときは，物体にはたらいている力がつり合っているときなんだ。前ページ下の図は，机に置いてある物体を押している図だよ。物体を押しても，その物体が動かないのは，物体を押す力と摩擦力がつり合っているからなんだよ。

【作用・反作用】

　次は，作用・反作用について見ていこう。

　「作用・反作用」と「つり合い」は，混同しやすいからしっかり理解しよう。

　Aさんがローラースケートに乗って壁を押すと，同時に壁がAさんを押し返す力がはたらく。このように，およぼし合う2力を**作用・反作用**というんだ。この力は，大きさが等しく，向きが反対で一直線上にはたらいているんだ。

力のつり合いと似ていますが，どこが違うんですか？

　つり合う2力は，**1つの物体（同じ物体）にはたらいている力**だけれど，作用・反作用は**異なる物体にはたらいている力**だよ。作用はAさんが壁を押す力で，反作用は壁がAさんを押し返す力だよね。つまり，作用は壁にはたらいている力で，反作用はAさんにはたらいている力だよね。だから，作用と反作用はつり合うことはないんだ。**作用と反作用は多くの場合に作用点が同じになる**ことも知っておこう。

　では，例題でもう少し学習していこう。

　図は，天井からおもりをひもでつり下げたときにはたらく力をA〜Eで表しているよ。このとき，「つり合っている力の組み合わせ」と「作用と反作用の組み合わせ」を考えよう。

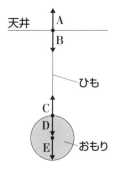

どのようにして考えればよいですか？

　A ～ Eの力は次のように説明できるよね。

Aは，天井がひもを引く力

Bは，ひもが天井を引く力

Cは，ひもがおもりを引く力

Dは，おもりがひもを引く力

Eは，地球がおもりを引く力(重力)

　これがわかれば，あとは簡単だよ。「つり合っている力の組み合わせ」は同じ物体にはたらいていて，向きが反対の2力で考えればいいんだ。だから，AとD，CとEがつり合っているんだ。

　そして，「作用と反作用の組み合わせ」は，およぼし合っている2力だから，AとB，CとDになるんだよ。

　次は，「ばねにはたらく力」と「ばねののび」について学習していこう。

　図のように5Nのおもり

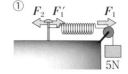

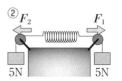

をつるしたときに，①と②でばねののびはどうなるかを考えていこう。

どのように考えるんでしょうか？

　ばねにはたらく力を考えればいいんだ。① ②ともばねにはたらく力はF_1とF_2だよね。だから，①と②ではばねののびは同じになるんだよ。

力の合成

　物体に2つの力A，Bがはたらいているとき，それらを1つの力として置き換えて考えることができるんだ。これを**力の合成**といって，置き換えた力のことを**合力**というよ。

【一直線上にある2力の合成】

　一直線上にある場合の合力は，たし算か引き算をすればいいんだ。

> 一直線上にない場合はどうすればいいんですか？

　一直線上にない場合は，2力を**となり合った2辺とする平行四辺形をか**
いて，その対角線を合力とするんだ。

【一直線上にない2力の合成】

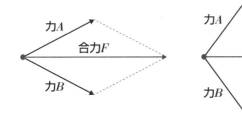

力の分解

　力の合成とは反対に，1つの力を2つの力に分けることを**力の分解**といっ
て，分けられた力を**分力**というんだ。

> どのように考えればいいのでしょうか？

　力の合成と反対にもとの力を対角線とする平行四辺形をかいて，そのと
きできた2辺が分力になるんだ。特に，斜面上にある物体にはたらく重力
の分力の作図は重要だから，しっかりできるようにしよう。

【斜面上にある物体にはたらく重力の分力】

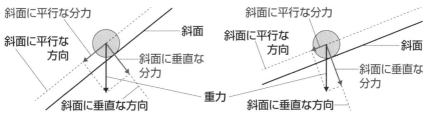

図のように，斜面上に小球があるとき，小球には重力がはたらいているよね。重力を分解すると，**斜面に垂直な分力**と**斜面に平行な分力**に分けられるんだ。ちょうど重力を対角線とする平行四辺形（この場合は長方形）がかけるよね。そうすると，その2辺が分力になるんだよ。

　左と右では，斜面の角度が違うよね。**斜面の角度を大きくしていくと斜面に平行な分力が大きくなっていく**。反対に斜面に垂直な分力は小さくなっていくんだ。そして，斜面の角度が90°になると，重力のすべてが斜面に平行な力になるんだ。

テーマ ④ 物体の運動

 イントロダクション

◆ 速さ ⇒ 瞬間（しゅんかん）の速さと平均の速さがあるよ。速さの計算はできるようにしよう。

◆ 力と運動 ⇒ 力と運動の関係をおさえよう。

速さ

算数や数学で速さの計算をしてきたよね。では，速さの計算の復習です。
「120kmの道のりを4時間で走る自動車の速さを求めなさい。」

> 速さ＝道のり÷時間だから，
> 120km÷4時間＝時速30kmとなります。

そうだね。でも，実際は120kmの移動中にずっと時速30kmで走っているわけではないよね。例えば，カーブや交差点では減速するし，赤信号になれば速さは0になる。だから，時速30kmというのは，ずっと同じ速さで走ったと仮定したときの速さなんだ。このような速さを**平均の速さ**というんだ。それに対して，ある瞬間での速さを**瞬間の速さ**というんだ。

瞬間の速さ……スピードメーターや速度計に示された速さ。
　　　　　　　ごく短い時間に移動した距離から求める。

平均の速さ……一定の速さで移動したとして求める。

 **ポイント整理**

【速さを求める式】	【速さの単位】
速さ＝$\dfrac{\text{移動距離}}{\text{かかった時間}}$	cm/s(センチメートル毎秒) m/s(メートル毎秒) km/h(キロメートル毎時) など

> cm/sやkm/hに使われているsやhは，「秒」を表す英単語のsecond,「時間」を表す英単語hourの略だよ。

【記録タイマー】

物体の運動の様子を調べるときに使用するものに記録タイマーがある。記録タイマーは，1秒間に**50打点（東日本）**または**60打点（西日本）**する装置で，記録したテープの打点間隔から，**移動距離**と**かかった時間**がわかるため，速さを計算することができるんだ。

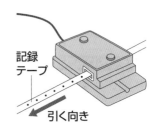

記録テープ
引く向き

右下の図は，物体の運動の様子を記録した記録テープだ。打点間隔と運動の様子は次のような関係になっているよ。

A：打点間隔が等しい
　➡**速さが一定の運動**
B：打点間隔が広くなる
　➡**だんだん速くなる運動**
C：打点間隔が狭くなる
　➡**だんだん遅くなる運動**

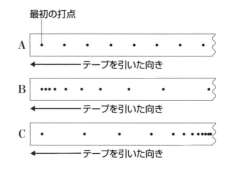

【速さの計算】

1秒間に50打点（60打点）する記録タイマーを用いたときの記録テープから速さを求めよう。記録テープを**5打点（6打点）ごとに切る**と，そのテープ1本分の長さは**0.1秒間での移動距離**を表しているんだ。

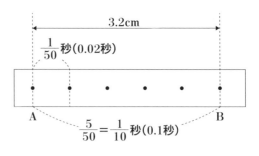

右下の図は，1秒間に50打点する記録タイマーを用いたときの記録テープだよ。そうすると，このテープのAB間の平均の速さは次のように計算できるんだ。

●**AB間の平均の速さ**

$$3.2\text{cm} \div \frac{1}{10}\text{ s} = 32\text{cm/s}$$

5打点以外の場合は，どのようにして速さを求めるんですか？

打点数から時間が求められるんだ。時間は次の式で求められるよ。

$$時間〔s〕 = \frac{打点数}{1秒間の打点数}〔s〕$$

分母は，1秒間に50打点の記録タイマーでは50，1秒間に60打点では60にすればいいよ。分子の打点数は，打点間隔を数えるんだ。そうすると，記録テープの長さと時間から速さが求められるよ。

例えば，1秒間に50打点する記録タイマーを用いたときの記録テープが右のようになったとする。そうするとAB間の時間は，$\frac{8}{50}$sとなるんだ。

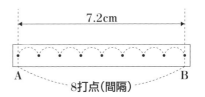

だから，このときの平均の速さは，

$7.2cm ÷ \frac{8}{50}s = 45cm/s$となるんだ。

力と運動

力のはたらきを覚えているかな。力のはたらきに「物体の運動の様子を変える」というのがあったよね。ここでは，物体に力がはたらくときの運動の様子について学習していくよ。

運動の様子が変わるとは，どういうことですか？

運動の様子は，「向き」と「速さ」で表されるんだ。つまり，物体に力がはたらくと，物体の「向き」や「速さ」が変わるんだ。反対に物体に力がはたらかなければ，「向き」や「速さ」は変わらないよ。

【速さが変わる運動①】

斜面を下るときの運動を考えよう。前提として，空気の抵抗や摩擦力はないものとするよ。斜面を下る運動では**運動と同じ向きに一定の大きさ**

の力が加わり続けるので，**物体はだんだん速くなる運動**をするんだ。

このときは，どんな力がはたらいているのでしょうか？

重力の分力が斜面下向きにはたらき続けているんだ。

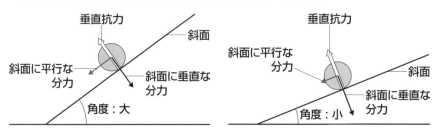

　図は小球を斜面に置いたときのものだよ。分力のところで学習したけれど，このときは，小球の**重力**が**斜面下向きの分力**と**斜面に垂直な分力**に分かれる。そうすると，斜面に垂直な分力と垂直抗力がつり合って，物体には**斜面下向きの分力がはたらくので，小球はだんだん速くなる運動をする**んだ。このとき，はたらく力は一定の大きさであることに注意しよう。斜面の角度が変わらなければ，重力の分力の大きさも変わらない。だから，一定の大きさの力がはたらき続けるんだ。

　右の斜面を下る運動の様子を記録した記録テープのグラフを見ると，どちらもだんだん速くなっているけれど，**角度が大きいときは速さの変化が大きく，角度が小さいときは速さの変化が小さい**よね。このように，斜面の角度を大きくすると，**速さの変化が大きくなる**んだよ。

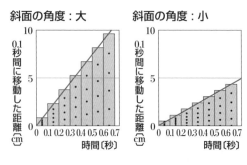

　右のグラフは，斜面を下る運動の「時間と速さ」「時間と移動距離」の関係を表

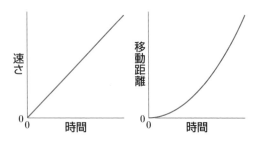

したものだよ。この運動では，**速さは時間に比例し，移動距離は時間の2乗に比例する**んだ。このグラフの形はしっかり覚えておこう。

【速さが変わる運動②】

次は，だんだん遅くなる運動について見ていこう。

物体の**進行方向と反対向きに力がはたらいているときは，物体の速さはだんだん遅くなる**んだ。例えば，物体と床との間に摩擦力がはたらいている場合や空気抵抗がある

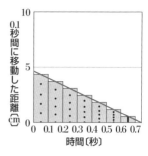

場合は，だんだん遅くなる。また，物体が斜面を上る運動では，進行方向と反対向きに力がはたらくので，遅くなっていくんだよ。

右のグラフは，だんだん遅くなる運動の「時間と速さ」「時間と移動距離」の関係を表したものだよ。このグラフも頭に入れておこう。

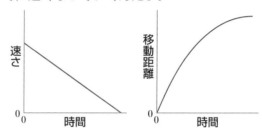

【速さが変わらない運動】

速さが変わらない運動を学習していこう。

力がはたらいていない場合やはたらいていてもつり合っている場合は，物体は等速直線運動をするんだ。等速直線運動は，物体が一定の速さで，向きを変えず一直線上をまっすぐ進んでいく運動のことをいうよ。つまり，向きも速さも変わらない運動のことだ。

<ruby>等速直線運動<rt>とうそくちょくせんうんどう</rt></ruby>

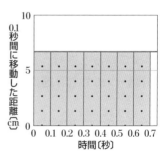

等速直線運動のときの「時間と速さ」「時間と移動距離」の関係は右のようになるよ。**速さは一定で，移動距離は時間に比例する**んだ。

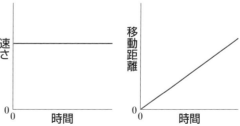

力がつり合っていて等速直線運動をするのは，どのようなときですか？

　一定の速さで落ちてくる雨滴（うてき）などがあるよ。雨滴は，ある速さになると空気抵抗と重力がつり合って，等速直線運動をするんだ。一定の速さで走っている自転車では，こぐ力と摩擦力や空気抵抗がつり合っているんだよ。

●水平な道を一定の速さで走る自転車

ペダルをこぐ力

摩擦力や空気の抵抗力

運動の向き

ペダルをこぐ力と摩擦力などがつり合い，重力と垂直抗力もつり合っている

●等速直線運動を行う自動車

摩擦力や空気の抵抗力

運動の向き

エンジンの力

エンジンの力と摩擦力などがつり合い，重力と垂直抗力もつり合っている

●地表付近の雨滴の運動

空気の抵抗力

運動（落下）の向き

雨滴

重力

落下の途中である速さに達すると，重力と空気の抵抗力がつり合い，一定の速さで落ちてくる

慣性の法則

　物体には，運動の状態を保とうとする性質がある。例えば，車に乗っていて急ブレーキがかかると，進行方向に体が動く。これは，進行方向に動いている状態を保とうとして体が前に進んだということなんだ。物体のもつこのような性質を**慣性**という。

　「物体に外から力が加わらないときや加わっていてもそれらがつり合っているときは，静止している物体は静止し続け，運動している物体はいつまでも等速直線運動を続ける」ことを**慣性の法則**というよ。

【慣性の法則の例】

・だるま落とし

・エレベーターでからだが軽く感じたり重く感じたりする

だるま落とし

• 急発進や急ブレーキで体が動く

●急ブレーキをかけた

●急発進した

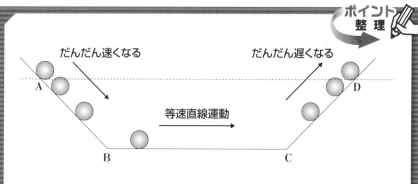

だんだん速くなる　　　　　　　　だんだん遅くなる

A

D

等速直線運動

B　　　　　　　　　　　　　　　　C

	AB間	BC間	CD間
はたらく力	進行方向と同じ向き	つり合っている	進行方向と逆向き
力の大きさ	一定の大きさ	－	一定の大きさ
速さの変化	一定の割合でだんだん大きくなる	変化なし（等速）	一定の割合でだんだん小さくなる
グラフ（時間と速さ）	速さ／時間	速さ／時間	速さ／時間
グラフ（時間と距離）	移動距離／時間	移動距離／時間	移動距離／時間

※摩擦や空気の抵抗はないものとする。

問 題 物体の運動を調べるために，図のような装置を使って実験を行った。これをもとに，以下の各問に答えなさい。ただし，糸やテープの質量，空気の抵抗や摩擦は考えないものとする。

【実験】

図のように，水平な机の上で台車におもりのついた糸をつけ，その糸を滑車にかけた。台車を支えていた手を静かに離すと，おもりが台車を引きはじめ，台車はまっすぐ進む運動を行った。1秒間に60回打点する記録タイマーで，手を離してからの台車の運動をテープに記録し，それを6打点ごとに切り，それぞれのテープを順にa，b，c，…として長さをはかったところ，表のような結果が得られた。

図

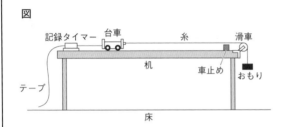

表

テープ	テープの長さ〔cm〕
a	1.5
b	4.5
c	7.5
d	10.5
e	13.5
f	16.5
g	18.0
h	18.0
i	18.0
j	18.0

(1) テープg～jを記録している間の台車の運動を何というか。

(2) 手を離してから0.2秒までの台車の平均の速さを求めなさい。

(3) 手を離したとき，おもりは床から何cmの高さにあったか，次のア～オから最も適切なものを1つ選びなさい。

ア 1.5cm **イ** 18cm **ウ** 37.5cm **エ** 54cm **オ** 72cm

(4) テープa～jを記録している間，台車にはたらいている力のうち運動の向きにはたらいている力の大きさと，時間の関係を表すグラフはどれか，次のア～オから1つ選びなさい。また，そのようなグラフになる理由を書きなさい。

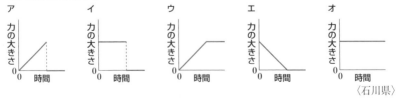

〈石川県〉

解 説

(1) テープ g 〜 j は長さが同じで，まっすぐ進んだことから等速直線運動をしたと
考えられる。

(2) 1秒間に60打点したテープを6打点ごとに切ったので，テープ1本分は0.1秒。
よって，テープ a，b の 2 本分の平均の速さを求めればよい。

$$\frac{1.5\text{cm}+4.5\text{cm}}{0.2\text{s}} = 30\text{cm/s}$$

(3)(4) テープの長さが長くなっていく間は，速さが大きくなっているので運動の向
きに力がはたらいている。テープの長さが変らないときは，速さが一定になって
いるので運動の向きに力がはたらいていない。よって，テープ a 〜 f ではおもり
によって台車に力がはたらいているが，テープ g 〜 j では力ははたらいていない
と考える。

解 答 (1)**等速直線運動** (2)**30cm/s**
(3)**エ** (4)**イ**
（理由）おもりが床につくまでは，おもりによって運動
の向きに一定の大きさの力がはたらいているが，おも
りが床についた後は，その力がはたらかなくなるから。

41 仕事とエネルギー

■┣┫ イントロダクション ┣┫■

◆ **仕事の原理** ➡ 道具を使っても使わなくても仕事の大きさは変わらないよ。

◆ **力学的エネルギー** ➡ 力学的エネルギーは一定に保たれることがあるよ。

◆ **エネルギー変換** ➡ 具体例を使って，何エネルギーから何エネルギーに変換された
のかを答えられるようにしよう。

仕事

理科では，**物体に力を加えてその力の向きに動かしたときに，その力
は物体に「仕事」をした**というんだ。

仕事の大きさは，力の大きさと動かした距離の積で求められて，単位は
J（ジュール）になるんだ。単位は電力量や熱量と同じということだね。

$$仕事〔J〕＝力の大きさ〔N〕×動かした距離〔m〕$$

ここでのポイントは，「物
体に力を加えてその力の向
きに動かしたとき」という
こと。だから，**力の向き
に物体が動いていない場
合は仕事をしたことにな**

物体を持ち上げたままじっとしているとき

力を加えても物体が動かないとき

力の向きに動かした距離が0／力の向きに対して垂直な方向に動かしたとき／移動

らないんだ。例えば，「持ち上げたままじっとしている」，「力を加えても動
かない」，「物体を持ったまま水平に動いた（力の向きと動かした向きが垂
直）」などは，仕事をしたことにはならないよ。

【重力に逆らってする仕事】

仕事＝重力の大きさ×持ち上げた高さ

右の図のように，質量10kgの物体を1.5mの高
さまで持ち上げるとき，物体にはたらく重力に逆
らって仕事をしているよね。質量100gの物体に

1.5m
100N
10kg

はたらく重力を1Nとすると，質量10kgの物体にはたらく重力は100Nとなる。だから，このときの仕事は，100N×1.5m＝150Jとなるんだ。

【摩擦力に逆らってする仕事】

仕事〔J〕＝摩擦力の大きさ〔N〕×水平に引いた距離〔m〕

右の図のように，摩擦のある水平面にある物体に，はたらく摩擦力とつり合う力を加え続けて，50cm動

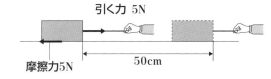

引く力 5N

摩擦力5N

50cm

かしたときの仕事を考える。このときは，摩擦力の大きさと引く力の大きさは等しくなる。だから，このときの仕事は，5N×0.5m＝2.5Jとなるんだ。

仕事の原理

てこや動滑車などの道具を使って物体を持ち上げると，使わないときと比べて楽に持ち上げることができるんだ。ただ，**道具を使っても使わなくても仕事の量は変わらない**んだ。これを**仕事の原理**と呼んでいるよ。

【てこを使ったときの仕事】

右の図のように，重力150Nの物体をてこを使って動かしたときの仕事を考えよう。このときは，支点から力点までの距離と支点から作用

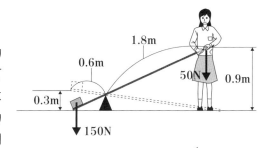

1.8m

0.6m

0.3m

50N

0.9m

150N

点までの距離の比が3：1になっているよね。だから，重力の$\frac{1}{3}$の50Nで押せばいいんだ。ただ，そのときにてこを押す距離が，持ち上がる距離の3倍の0.9mになるんだ。

このときの仕事を求めると，50N×0.9m＝45Jとなるんだ。一方で，この物体を道具を使わずに0.3m持ち上げたとすると，そのときの仕事は，150N×0.3m＝45Jとなる。てこを使っても使わなくても仕事は45Jとなるよね。これが仕事の原理だよ。

【滑車を使ったときの仕事】

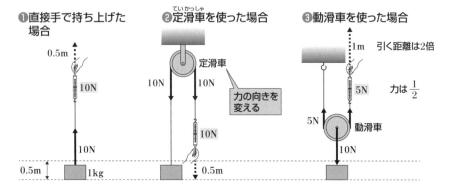

❶直接手で持ち上げた場合

❷定滑車を使った場合

❸動滑車を使った場合

滑車を使った問題はよく出題されるから，しっかり学習していこう。
滑車には**定滑車**と**動滑車**があって，それぞれ役割が異なるんだ。

> **ポイント整理**
>
> **定滑車**：力の向きを変えられるが，
>
> 　　　　力の大きさは変えられない。固定されている。
>
> **動滑車**：力の大きさは$\frac{1}{2}$になるが，引く距離が2倍になる。
>
> 　　　　固定されていない。

質量1kgの物体を0.5m持ち上げるときの仕事について考えていこう。

❶は直接手で持ち上げたとき。このとき，物体にはたらく重力は10Nだから，仕事の大きさは，10N×0.5m＝5Jとなる。

❷は定滑車を使ったとき。定滑車は，力の向きを変えるもの。通常，物体を持ち上げるときは上向きに力を加えるけれど，定滑車を使うと下向きに力を加えることで物体を持ち上げることができるんだ。このときは，下向きに10Nの力で0.5mひもを引く。だから，仕事の大きさは，10N×0.5m＝5Jとなる。つまり，❶と同じ式になる。

❸は動滑車を使ったとき。動滑車を1つ使うと力の大きさは$\frac{1}{2}$になるので，5Nの力で物体を持ち上げることができる，ただ，ひもを引く距離は通常の2倍になるので，ひもを1m引くと物体は0.5m持ち上がるんだ。このときの仕事は，5N×1m＝5Jとなる。

ここでも，どれも5Jの仕事をしているので，仕事の原理が成り立っているね。

【斜面を使ったときの仕事】

次は，斜面に沿って物体を引き上げたときの仕事を考えていこう。

図のように質量6kgの物体を斜面に沿って50cm引き上げるときは，物体にはたらく重力の斜面に平行な分力の大きさで物体を引き上げるんだよ。

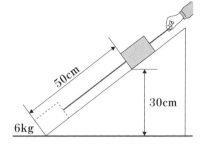

このときは，何Nの力で引き上げればいいんでしょう？

引き上げる力の大きさは，次の式で求められるんだ。

$$斜面に沿って引く力〔N〕＝重力〔N〕×\frac{高さ}{斜辺}$$

だから，この場合は$60N×\frac{30}{50}＝36N$となるんだ。

この力で50cm引き上げるから，このときの仕事の大きさは，$36N×0.5m＝18J$となるんだ。もちろん，この場合も仕事の原理が成り立つんだ。

仕 事 率

1秒間にする仕事の大きさを**仕事率**といって，単位は**W（ワット）**を使うんだ。1秒間に1Jの仕事をしたときの仕事率が1Wだよ。

$$仕事率〔W〕＝\frac{仕事の大きさ〔J〕}{かかった時間〔s〕}$$

重力40Nの物体を3m持ち上げるのに10秒かかったとすると，そのときの仕事は

$$40N×3m＝120J$$

だから，仕事率は$120J÷10s＝12W$となるんだ。

力学的エネルギー

　これまで仕事について学習してきたけれど，仕事をするには，**エネルギー**が必要になるよ。このエネルギーとは，**仕事をする能力**のことだ。ここでは，物体のもつ位置エネルギーと運動エネルギー，そして力学的エネルギーについて学習していくよ。特に断りがない限り，摩擦や空気の抵抗はないものとして考えるよ。

　位置エネルギーは，高い位置にある物体のもつエネルギーのことだよ。高いところにある物体は，手をはなすと重力によって落下していって，杭を打ち込んだり，ものを動かしたりすることができるよね。だから，高い位置にある物体は位置エネルギーをもっているといえるんだ。**位置エネルギーは，物体の高さと質量に比例する**んだ。

　また，高い位置から手をはなすと，落下していく物体の速さはだんだん速くなるよね。このように，**運動している物体もエネルギーをもっていて，このエネルギーを運動エネルギー**というよ。**運動エネルギーは質量と速さの2乗に比例する**んだ。そして，この**位置エネルギーと運動エネルギーの和を力学的エネルギー**というんだよ。

【振り子の運動と力学的エネルギー】

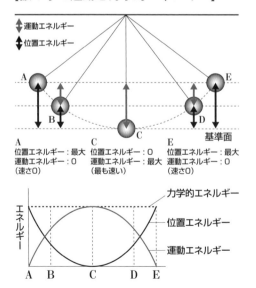

　摩擦や空気の抵抗はないものとして振り子の運動を考えていくよ。A点までおもりを持ち上げて手をはなすと，A→B→C→D→Eと運動していくね。図の矢印は，そのときおもりがもつエネルギーを表しているよ。位置エネルギーは基準面からの高さで決まるんだ。A点では，位置エネルギーが最大だけど，物体は運動していないから運動エネルギーは0。A→Bと運動し

ていくと，位置エネルギーは減少するけれど，おもりは運動をしているので，運動エネルギーが増加する。**この運動エネルギーは，減少した位置エネルギーと等しくなる**。つまり，A点でおもりがもっていた位置エネルギーの一部が運動エネルギーに変換されたんだよ。そして，C点では，位置エネルギーが0となり，すべて運動エネルギーに変換される。

そして，C→D→Eと運動するときは，反対にC点での運動エネルギーが位置エネルギーに変換されていき，E点ではA点と同じで，位置エネルギーが最大になり，運動エネルギーが0になるんだ。このように，振り子では位置エネルギーと運動エネルギーは互いに変換されるけれど，その総和は一定なんだ。つまり，振り子では**力学的エネルギーは一定に保たれる**んだ。これを**力学的エネルギーの保存**というよ。

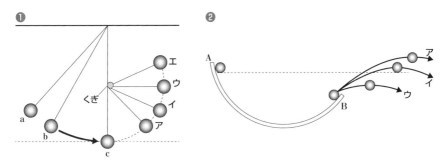

❶は，a点から手をはなしたおもりがc点まできたときに糸の途中にくぎを置いて糸の長さを変えた場合を表したものだ。c点を通過後，おもりは**ア〜エ**のどの高さまで上がるかという問題。ここでは，おもりのもつ力学的エネルギーに注目するんだ。力学的エネルギーは一定に保たれるので，どの点でも等しくなる。a点では，運動エネルギーが0なので，力学的エネルギー＝位置エネルギーとなるんだ。c点を通過したおもりが，もっとも高い位置にきたとき，おもりは一瞬静止するので，そのときの運動エネルギーも0になる。だから，おもりは糸の長さに関係なくa点と同じ高さまで上がるんだ。

ということは，❶の答えはイになるということですね。

そうですね。では❷を考えていこう。

❷はどうなるかわかるかな。

❶と同じように考えると，答えはイですか？

　残念だけど不正解なんだ。❷でも力学的エネルギーの保存は成り立つけれど，❷では，B点を飛び出したあとの小球は，もっとも高い位置にきても静止しないんだ。つまり，運動エネルギーをもっているんだ。ここが❶と❷の違いだよ。だから，答えは**ウ**になるんだよ。

【力学的エネルギーと速さ】

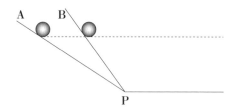

　図のように，角度の異なる斜面A，Bの同じ高さから同じ小球を運動させたときの**P点での速さは，同じ**になるんだ。もともと小球のもっていた位置エネルギーが運動エネルギーに変換されるから，はじめの高さが同じであれば，P点での運動エネルギーも等しくなる。だから，同じ物体であれば，運動エネルギーが等しいので速さも等しくなるんだ。

エネルギーの移り変わり

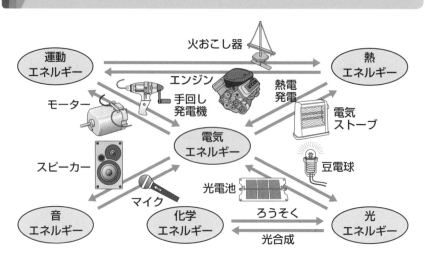

エネルギーには，**熱エネルギー，電気エネルギー，光エネルギー，運動エネルギー，音エネルギー，化学エネルギー，弾性エネルギー**などさまざまなものがある。

わたしたちの生活では，エネルギーを変換しながらさまざまなものに利用している。例えば，ガソリンで走る自動車は，ガソリンのもつ化学エネルギーを熱エネルギーに変換し，さらにエンジンによって運動エネルギーに変換して走っている。また，蛍光灯などの照明器具は，電気エネルギーを光エネルギーに変換させているんだ。

このようにエネルギーは，互いに移り変わっていくけれど，**エネルギーの総和は常に一定に保たれる**んだ。これを**エネルギーの保存**というよ。

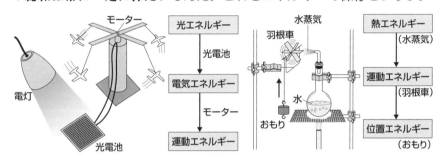

【熱の伝わり方】

熱は温度の高い部分から低い部分へと伝わっていく。熱の伝わり方には，**伝導，対流，放射**の3つがあるよ。伝導はふれ合っている物体の間での伝わり方。対流は温度差によって物質が循環することによって伝わる伝わり方。放射は赤外線や光などによって離れているものの間で伝わる伝わり方だよ。

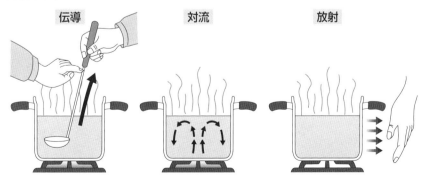

プラスチック

　プラスチックは，石油などを原料としてつくられた物質で，ごみ袋や消しゴム，ペットボトルなど私たちの生活には欠かせないものだよね。プラスチックは**炭素を含む有機物の一種**なんだよ。プラスチックには，**電気を通しにくい**，**加工しやすい**，**薬品に対して性質が変わりにくい**，**軽い**などの特徴があるんだよ。

種　類	主な用途
ポリエチレン(PE)	バケツ，シャンプーの容器
ポリプロピレン(PP)	ストロー，ペットボトルのふた
ポリ塩化ビニル(PVC)	消しゴム，ホース
ポリスチレン(PS)	CDケース，食品トレイ
ポリエチレンテレフタラート(PET)	ペットボトル，卵パック

MEMO

さくいん

凡例:
原子番号 → 1
原子の記号 ← H
原子量 → 1.0
原子の名前 ← 水素

- ▨：単体が気体
- ▨：単体が液体
- ほかは固体

	1	2	3	4	5	6	7	8	9
1	1 **H** 1.0 水素								
2	3 **Li** 6.9 リチウム	4 **Be** 9.0 ベリリウム							
3	11 **Na** 23.0 ナトリウム	12 **Mg** 24.3 マグネシウム							
4	19 **K** 39.1 カリウム	20 **Ca** 40.1 カルシウム	21 **Sc** 45.0 スカンジウム	22 **Ti** 47.9 チタン	23 **V** 50.9 バナジウム	24 **Cr** 52.0 クロム	25 **Mn** 54.9 マンガン	26 **Fe** 55.9 鉄	27 **Co** 58.9 コバルト
5	37 **Rb** 85.5 ルビジウム	38 **Sr** 87.6 ストロンチウム	39 **Y** 88.9 イットリウム	40 **Zr** 91.2 ジルコニウム	41 **Nb** 92.9 ニオブ	42 **Mo** 96.0 モリブデン	43 **Tc** (99) テクネチウム	44 **Ru** 101.1 ルテニウム	45 **Rh** 102.9 ロジウム
6	55 **Cs** 132.9 セシウム	56 **Ba** 137.3 バリウム	57–71 ランタノイド	72 **Hf** 178.5 ハフニウム	73 **Ta** 180.9 タンタル	74 **W** 183.8 タングステン	75 **Re** 186.2 レニウム	76 **Os** 190.2 オスミウム	77 **Ir** 192.2 イリジウム
7	87 **Fr** (223) フランシウム	88 **Ra** (226) ラジウム	89–103 アクチノイド	104 **Rf** (267) ラザホージウム	105 **Db** (268) ドブニウム	106 **Sg** (271) シーボーギウム	107 **Bh** (272) ボーリウム	108 **Hs** (277) ハッシウム	109 **Mt** (276) マイトネリウム

ランタノイド	57 **La** 139 ランタン	58 **Ce** 140 セリウム	59 **Pr** 141 プラセオジム	60 **Nd** 144 ネオジム	61 **Pm** (145) プロメチウム	62 **Sm** 150 サマリウム
アクチノイド	89 **Ac** (227) アクチニウム	90 **Th** 232 トリウム	91 **Pa** 231 プロトアクチニウム	92 **U** 238 ウラン	93 **Np** (237) ネプツニウム	94 **Pu** (239) プルトニウム

								18
								2 **He** 4.0 ヘリウム

*この表に示した原子量は，日本化学会原子量専門委員会が発表した資料（「元素の周期表（2017）」）に基づいて作成した。

			13	**14**	**15**	**16**	**17**	
			5 **B** 10.8 ホウ素	6 **C** 12.0 炭素	7 **N** 14.0 窒素	8 **O** 16.0 酸素	9 **F** 19.0 フッ素	10 **Ne** 20.2 ネオン
10	**11**	**12**	13 **Al** 27.0 アルミニウム	14 **Si** 28.1 ケイ素	15 **P** 31.0 リン	16 **S** 32.1 硫黄	17 **Cl** 35.5 塩素	18 **Ar** 40.0 アルゴン
28 **Ni** 58.7 ニッケル	29 **Cu** 63.6 銅	30 **Zn** 65.4 亜鉛	31 **Ga** 69.7 ガリウム	32 **Ge** 72.6 ゲルマニウム	33 **As** 74.9 ヒ素	34 **Se** 79.0 セレン	35 **Br** 79.9 臭素	36 **Kr** 83.8 クリプトン
46 **Pd** 106.4 パラジウム	47 **Ag** 107.9 銀	48 **Cd** 112.4 カドミウム	49 **In** 114.8 インジウム	50 **Sn** 118.7 スズ	51 **Sb** 121.8 アンチモン	52 **Te** 127.6 テルル	53 **I** 126.9 ヨウ素	54 **Xe** 131.3 キセノン
78 **Pt** 195.1 白金	79 **Au** 197.0 金	80 **Hg** 200.6 水銀	81 **Tl** 204.4 タリウム	82 **Pb** 207.2 鉛	83 **Bi** 209.0 ビスマス	84 **Po** (210) ポロニウム	85 **At** (210) アスタチン	86 **Rn** (222) ラドン
110 **Ds** (281) ダームスタチウム	111 **Rg** (280) レントゲニウム	112 **Cn** (285) コペルニシウム	113 **Nh** (278) ニホニウム	114 **Fl** (289) フレロビウム	115 **Mc** (289) モスコビウム	116 **Lv** (293) リバモリウム	117 **Ts** (293) テネシン	118 **Og** (294) オガネソン

63 **Eu** 152 ユウロビウム	64 **Gd** 157 ガドリニウム	65 **Tb** 159 テルビウム	66 **Dy** 163 ジスプロシウム	67 **Ho** 165 ホルミウム	68 **Er** 167 エルビウム	69 **Tm** 169 ツリウム	70 **Yb** 173 イッテルビウム	71 **Lu** 175 ルテチウム

95 **Am** (243) アメリシウム	96 **Cm** (247) キュリウム	97 **Bk** (247) バークリウム	98 **Cf** (252) カリホルニウム	99 **Es** (252) アインスタイニウム	100 **Fm** (257) フェルミウム	101 **Md** (258) メンデレビウム	102 **No** (259) ノーベリウム	103 **Lr** (262) ローレンシウム

カバーイラスト：日向あずり
本文イラスト（顔アイコン）：けーしん
本文デザイン：田中真琴（タナカデザイン）
校正：多々良拓也，鷗来堂
組版：ニッタプリントサービス
天気図提供：（財）気象業務支援センター

岩本 将志（いわもと まさし）

　大学卒業後、一般企業に就職。その後、大手進学塾に入社。算数、数学、理科を指導し、中学、高校受験指導で多くの合格者を輩出。現在は河合塾グループの難関都立高校進学塾「河合塾Wings」に所属。教材作成にも携わる。生徒本人に考えさせる指導法で、あえて「教えすぎない」をモットーとしている。

　著書に『中学理科の点数が面白いほどとれる一問一答』(KADOKAWA)がある。

かいていばん　ちゅうがくりか　おもしろ　　　　　　　ほん
改訂版　中学理科が面白いほどわかる本

2021年1月29日　初版発行
2024年9月10日　9版発行

いわもと　まさし
著者／岩本 将志

発行者／山下 直久

発行／株式会社KADOKAWA
〒102-8177　東京都千代田区富士見2-13-3
電話　0570-002-301(ナビダイヤル)

印刷所／株式会社加藤文明社印刷所

●お問い合わせ
https://www.kadokawa.co.jp/　(「お問い合わせ」へお進みください)
※内容によっては、お答えできない場合があります。
※サポートは日本国内のみとさせていただきます。
※Japanese text only

定価はカバーに表示してあります。

©Masashi Iwamoto 2021　Printed in Japan
ISBN 978-4-04-604775-5　C6040